高等职业教育工业机器人技术应用专业规划教材

工业机器人应用与编程技术

张爱红　编著

电子工业出版社

Publishing House of Electronics Industry

北京·BEIJING

内 容 简 介

本书共分五章，前三章介绍了工业机器人的共性技术，包括工业机器人的相关概念、机械结构特点和坐标系统等基础知识，后两章则以安川（YASKAWA NX100）MOTOMAN 工业机器人为例，详细介绍了工业机器人的在线操作与编程、系统设置及虚拟仿真方法等。

本书可作为高等职业院校、成人高校及本科院校的二级职业技术学院工业机器人技术、机电一体化技术、电气自动化技术及相关专业的教学用书，也可供从事工业机器人应用与维护等技术的人员参考。

图书在版编目（CIP）数据

工业机器人应用与编程技术/张爱红编著. —北京：电子工业出版社，2015.12

ISBN 978-7-121-27809-9

Ⅰ．①工… Ⅱ．①张… Ⅲ．①工业机器人－程序设计－高等学校－教材 Ⅳ．①TP242.2

中国版本图书馆 CIP 数据核字（2015）第 296051 号

策划编辑：朱怀永

责任编辑：底　波　　　特约编辑：王　纲

印　　刷：三河市华成印务有限公司

装　　订：三河市华成印务有限公司

出版发行：电子工业出版社

　　　　　北京市海淀区万寿路 173 信箱　邮编　100036

开　　本：787×1092　1/16　印张：11　字数：281 千字

版　　次：2015 年 12 月第 1 版

印　　次：2015 年 12 月第 1 次印刷

印　　数：3000 册　　定价：27.80 元

凡所购买电子工业出版社图书有缺损问题，请向购买书店调换，若书店售缺，请与本社发行部联系，联系及邮购电话：(010) 88254888。

质量投诉请发邮件至 zlts@phei. com. cn，盗版侵权举报请发邮件至 dbqq@phei. com. cn。

服务热线：(010) 88258888。

前　言

目前，中国制造正面临着向高端转变，承接国际先进制造，参与国际分工的巨大挑战，而工业机器人技术正是我国由制造大国向制造强国转变的主要手段与途径。与此同时，人力成本的逐年上升也将刺激制造业对机器人的需求，因此"机器换人"已是大势所趋。作为中国先进制造业代表的江苏、上海、广东等地，这一趋势尤为明显。无锡职业技术学院适应了这一发展趋势，于 2013 年设置了工业机器人技术专业，并开设了"工业机器人应用与编程"等专业课程，2014 年开始着手编写"工业机器人应用与编程技术"教材。

本书着重培养学生典型工业机器人的操作与编程能力。通过本书的学习，使学生掌握一般工业机器人的硬件组成、坐标系统、示教编程、数据保护等内容，使学生掌握以安川（YASKAWA）等为代表的典型工业机器人的操作与编程等基本知识与基本技能，同时为提高学生的全面素质、提升综合职业能力打下基础。

本教材内容的选取符合学生的认知规律，并体现了能力递进的特点，适合不同基础与层次的学生学习。在介绍了工业机器人基本概念、机械结构、坐标系统等知识的基础上，重点以安川（YASKAWA NX100）MOTOMAN 工业机器人为例，介绍工业机器人的硬件组成、技术参数、坐标系统、系统设置、示教编程、应用案例等内容，除此以外，还介绍了工业机器人虚拟仿真软件（MotoSim EG）的使用方法。

本书由无锡职业技术学院张爱红教授编写，在全书编写过程中参考了有关文献资料，详见参考文献，主要包括安川工业机器人英文版说明书，同时融入了编者多年来对工业机器人研究与教学实践的心得与体会。本书编者对参考文献中的各位作者深表谢意。

编著者

2015 年 7 月

目　录

第一章

工业机器人基本概念

机器人技术是综合了计算机、控制论、机构学、信息与传感技术、人工智能、仿生学等多学科而形成的高新技术。工业机器人本身是一种典型的机电一体化系统。各种生产过程的机械化和自动化是现代生产技术发展的总趋势，随着技术的进步和经济的发展，为适应产品多品种、小批量生产，作为现代新水平的柔性制造系统 FMS 和工厂自动化 FA 技术重要组成部分的工业机器人技术得到了迅速发展，并在世界范围内很快形成了机器人产业。

本章将主要介绍工业机器人的定义、发展及工业机器人的组成与分类等。

第一节　工业机器人的定义与发展

一、工业机器人的定义

国际上，关于工业机器人的定义主要有美国机器人协会、英国机器人协会、日本工业机器人协会以及我国国家标准等几种定义，国际标准化组织（ISO）基本上采纳了美国机器人协会的定义，即：工业机器人是一种可重复编程的多功能操作手，用以搬运材料、零件、工具或者是一种为了完成不同操作任务，可以有多种程序流程的专门系统。

日本工业机器人协会（JIRA）将工业机器人定义成：一种装备有记忆装置和末端执行器，能够转动并通过自动完成各种移动来代替人类劳动的通用机器。

英国机器人协会（BRA）的定义是：一种可重复编程的装置，用以加工和搬运零件、工具或特殊加工器具，通过可变的程序流程以完成特定的加工任务。

我国国家标准 GB/T12643—1997 将工业机器人定义为：一种能自动定位控制、可重复编程的、多功能的、多自由度的操作机，能搬运材料、零件或操作工具，用以完成各种作业。而操作机定义为：具有和人手臂类似的动作功能，可在空间抓放物体或进行其他操作的装置。

综合以上定义，工业机器人是一种机械装置，可以搬运材料、零件、工具或者完成多种操作和动作功能，具有通用性；工业机器人可以再编程，具有独立的柔性；工业机器人还具有一套自动控制系统，可以在无人参与下，自动地完成操作作业和动作功能。

二、工业机器人的发展

工业机器人的发展可分为三代。

第一代工业机器人：通常指目前国际上商品化和实用化的"示教-再现型工业机器人"。所谓示教，也就是为了让工业机器人完成某项工作前，先由操作人员将完成该项工作所需的各种信息，包括：运动的轨迹、中间作业位置、作业条件与作业时间等，通过控制盒等，对工业机器人预先进行引导操作与编程，简称"示教"，工业机器人将这些知识记忆下来后，即可根据示教程序，在一定精度范围内忠实地重复，即"再现"各种被示教的动作。20 世纪 60 年代美国万能自动化公司的第一台 Unimate 工业机器人在美国通用汽车公司投入使用，标志着第一代工业机器人的诞生。

进入 20 世纪 80 年代，随着传感技术，包括视觉、力觉、触觉、接近觉等传感器以及信息处理技术的发展，出现了第二代工业机器人，与第一代工业机器人相比，第二代工业机器人能够获得作业环境和作业对象的部分有关信息，进行一定的实时处理，引导机器人进行作业。1982 年美国通用汽车公司在装配线上为工业机器人装配了视觉系统，标志着第二代工业机器人进入了使用阶段。

第三代工业机器人是智能机器人，它不仅具有比第二代工业机器人更加完善的环境感知能力，而且还具有逻辑思维、判断和决策能力，可根据任务要求和环境信息自主地进行工作。由于这类工业机器人带有多种传感器，使机器人可以知道自身和外部的状态。机器人根据采集到的信息进行逻辑推理、判断、决策，并自主决定自身的行为。这类机器人具有高度适应性和自治能力。这一代工业机器人目前仍处于研究阶段。

第二节　工业机器人的组成与分类

一、工业机器人的组成

工业机器人一般由以下部分组成，如图 1-1 所示。

1. 机械系统

机械系统又称操作机或执行系统。工业机器人的机械系统由机身、臂部、腕部、末端执行器等组成。机身是工业机器人用来支撑手臂部件，并安装驱动装置及其他装置的部件。臂部是工业机器人用来支撑腕部和手部，实现较大运动范围的部件，关节机器人的臂部一般分为上臂和下臂。腕部是用来连接工业机器人的手部和臂部，确定手部工作位置并扩大臂部动作范围的部件。末端执行器是直接装在手腕上的一个重要部件，它可以是两手指或多手指的手爪，也可以是喷枪、焊枪等作业工具。

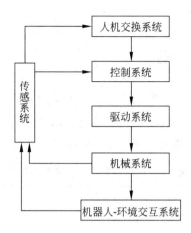

图 1-1　工业机器人的基本组成

2. 控制系统

控制系统是工业机器人的指挥系统，它控制驱动系统，让机械系统按照规定的要求进行工作。按照运动轨迹，可以分为点位控制系统和轨迹控制系统；按照控制原理可以分为程序控制系统、适应性控制系统和人工智能控制系统；按照有无信息反馈，可以分为开环控制系统和闭环控制系统。

3. 驱动系统

工业机器人的驱动系统是向机械系统的各个运动部件提供动力的装置。根据驱动器的不同，可分为电驱动系统、液压驱动系统和气压驱动系统。驱动系统中的电动机、液压缸、汽缸可以与操作机直接相连，也可以通过齿轮传动、链传动、谐波齿轮传动、螺旋传动、带传动装置等与执行机构相连。

4. 传感系统

为了使工业机器人正常工作，必须与周围环境保持密切联系，除了关节伺服驱动系统的内部位置传感器外，还要配置视觉、触觉等外部传感器以及传感信号的采集处理系统。

5. 人机交互系统

人机交互系统是使操作人员参与机器人控制与机器人进行联系的装置。例如：计算机的标准终端，指令控制台，信息显示板，示教盒等。主要有两类：指令给定装置和信息显示装置。

6. 机器人-环境交互系统

工业机器人-环境交互系统是实现工业机器人与外部环境中设备相互联系和协调的系统。工业机器人可与外部设备集成为一个功能单元，例如加工制造单元，焊接单元，装配单元等。为了与周围设备集成，工业机器人内部 PLC 可以与外部设备联系，完成与外部设备间的逻辑与顺序控制。工业机器人一般还有串行与网络通信接口等，以完成数据存

3

储、远程控制以及离线编程等工作。

二、工业机器人的关节

工业机器人的机身、臂部、手腕和末端执行器之间是通过关节顺序相串联而成的。可以将上述部件看成连杆件，关节则决定两相邻连杆副之间的连接关系，也称运动副。工业机器人最常用的两种关节是移动关节（P关节）和回转关节（R关节），见表1-1。

表1-1 典型关节种类及其图形符号

名称	符号	举例
平移	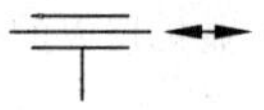	
回转	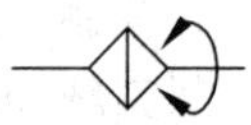	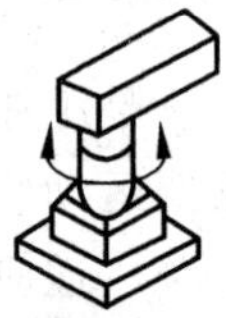
摆动（1）	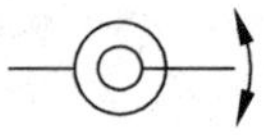	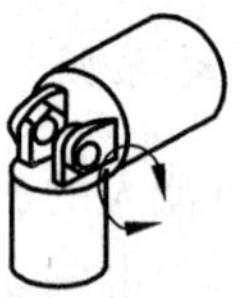
摆动（2）	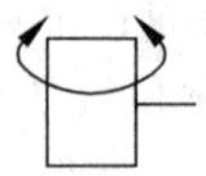	

三、工业机器人的分类

1. 按操作机坐标形式分类

操作机的坐标形式是指操作机的手臂在运动时所取的参考坐标系的形式。依据坐标形式的不同工业机器人可分为直角坐标型、圆柱坐标型、球坐标型、多关节型、平面关节型。

（1）直角坐标型工业机器人

这类机器人手部空间位置的改变通过沿三个相互垂直的轴线移动来实现，如图1-2所示，其工作空间为长方体。该类机器人位置控制精度高，控制无耦合、结构简单，但是所占空间体积较大、动作范围小、灵活性差，难于其他工业机器人协调工作。

（2）圆柱坐标型工业机器人

如图1-3所示，圆柱坐标型工业机器人手部空间位置的改变是通过一个转动和两个移动组成的运动系统来实现的。与直角坐标型工业机器人相比，在相同的工作空间条件下，

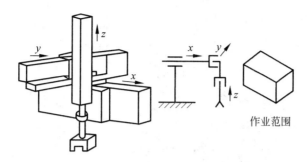

图 1-2 直角坐标型工业机器人

机体所占体积小，而运动范围大，其位置精度仅次于直角坐标型，难与其他工业机器人协调工作。

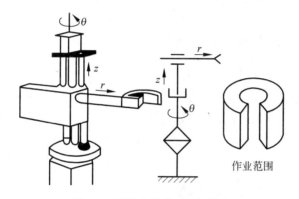

图 1-3 圆柱坐标型工业机器人

（3）球坐标型工业机器人

这类机器人的手臂运动由两个转动和一个直线移动组成，如图 1-4 所示，其工作空间为一球体。它可以做上下俯仰动作并能抓取地面上或较低位置的工件，具有结构紧凑、工作空间范围大的特点，能与其他工业机器人协调工作。其位置精度尚可，位置误差与臂长成正比。

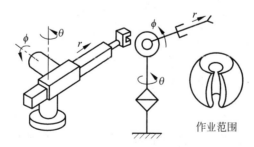

图 1-4 球坐标型工业机器人

（4）垂直关节坐标型工业机器人

垂直关节坐标型工业机器人主要由立柱和大小臂组成，立柱与大臂间形成肩关节，大臂与小臂间形成肘关节，如图 1-5 所示。其结构最紧凑、灵活性大、占地面积最小、工作空间最大，能与其他工业机器人协调工作，但其位置精度较低，有平衡与控制耦合等问

5

题。该类工业机器人的应用最为广泛。

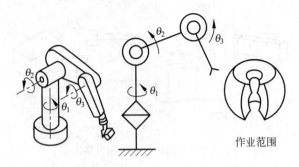

图 1-5　关节坐标型工业机器人

（5）平面关节坐标型工业机器人

平面关节坐标型工业机器人又称 SCARA 型工业机器人（Selective Compliance Assembly Robot Arm），其有 3 个转动关节，轴线相互平行，可在平面内进行定位和定向（图 1-6）。另外还有一个移动关节，用于完成手爪在垂直于平面方向上的运动。手腕中心的位置由两个转动关节的角度 θ_1 和 θ_2 及移动关节的位移 z 决定，手爪的方向由转动关节的角度 θ_3 决定。该类机器人的特点是在垂直平面内具有很好的刚度，在水平面内具有较好的柔顺性，且动作灵活、速度快、定位精度高。SCARA 型工业机器人最适宜于平面定位，以及在垂直方向上进行装配，所以又称装配机器人。

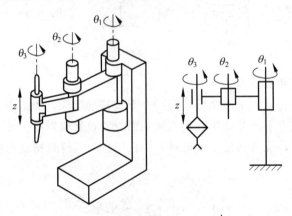

图 1-6　SCARA 型工业机器人

2. 按控制方式分类

（1）点位控制工业机器人

采用点位控制方式，只在目标点处准确控制工业机器人手部的位姿，完成预定的操作要求，而不对点与点之间的运动过程进行严格的控制。目前部分工业机器人是点位控制的。

（2）连续轨迹控制工业机器人

工业机器人的各关节同时做受控运动，准确控制工业机器人手部按预定轨迹和速度运动，而手部的姿态也可以通过腕关节的运动得以控制。弧焊、喷漆和检测等机器人均属于连续轨迹控制方式。

3. 按驱动方式分类

（1）电动式工业机器人

电动式工业机器人是目前用得最多的一类工业机器人，不仅因为电动机品种众多，为工业机器人设计提供了多种选择，也因为可以运用多种灵活的控制方法。早期采用步进电动机驱动，后来发展了直流伺服驱动单元，目前以交流伺服驱动单元的应用为主。这些驱动单元可以直接驱动操作机，也可以通过谐波减速器等装置来减速后驱动，结构简单紧凑。

（2）气压驱动式工业机器人

这类工业机器人以压缩空气来驱动操作机，其优点是空气来源方便，动作迅速，结构简单，造价低，无污染；缺点是空气具有可压缩性，导致工作速度的稳定性较差，又因气源压力一般只有 $6kgf/cm^2$ 左右，所以这类工业机器人抓取力较小。

（3）液压驱动式工业机器人

由于液压压力比气压压力高得多，一般在 $70\ kgf/cm^2$ 左右，故液压传动工业机器人具有较大的抓举能力。这类工业机器人结构紧凑，传动平稳，动作灵敏，但对密封要求较高，且不宜在高温或低温环境下工作。

四、工业机器人的主要技术参数

工业机器人的技术参数反映了机器人可胜任的工作，具有最高操作性能等情况，是选择、设计、应用机器人所必须考虑的问题。工业机器人的主要技术参数包括：自由度、分辨率、精度、重复定位精度、工作范围、最大工作速度及承载能力等。

1. 自由度

自由度是指工业机器人所具有的独立坐标轴运动的数目，以腕部为例一般具有三自由度（图 1-7），即偏转、俯仰与翻转，不包括手爪的开合自由度。操作机的自由度多，机构运动的灵活性大，通用性强，但机构的结构也更复杂，刚性变差。

机器人的自由度多于为完成生产任务所必需的自由度时，多余的自由度称为冗余自由度。设置冗余自由度可以增加机器人的灵活性，躲避障碍物和改善运动性能。在进行运动逆解时，使各关节的运动具有优选的条

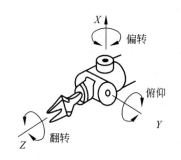

图 1-7　工业机器人三自由度腕部

件。工业机器人一般多为 4～6 个自由度。例如，安川 HP-20 机器人具有 6 个自由度，可以进行复杂的空间曲线运动作业。

2. 分辨率

工业机器人的分辨率由系统设计检测参数决定，并受到位置反馈检测单元性能的影响。机器人分辨率分为编程分辨率与控制分辨率，统称系统分辨率。

编程分辨率是指程序中可以设定的最小距离单位，又称基准分辨率。例如：当电机旋转 0.1°（最小驱动单位），机器人手臂尖端点移动的直线距离为 0.01mm 时，其基准分辨率为 0.01mm。

控制分辨率是位置反馈回路能够检测到的最小位移量。例如：若每转 1000 个脉冲的增量式编码器与电动机同轴安装，则电动机每旋转 0.36°，编码器就发出一个脉冲，0.36°以下的角度变化无法检测，该系统的控制分辨率为 0.36°。显然，当编程分辨率与控制分辨率相等时，系统性能达到最高。

3. 精度

工业机器人的精度主要受机械误差、控制算法误差与分辨率系统误差的影响。

机械误差主要产生于传动误差、关节间隙与连杆机构的挠性。传动误差由轮齿误差、螺距误差等所引起。关节间隙是由关节处的轴承间隙、谐波齿隙等引起的。连杆机构的挠性随机器人位形、负载的变化而变化。

控制算法误差主要指算法能否得到直接解和算法在计算机内的运算字长所造成的比特（bit，位）误差。对于控制系统的设计者，由于计算机运算精度提高，与机构误差相比控制算法误差可以忽略不计。

分辨率系统误差可取 $\frac{1}{2}$ 基准分辨率。机器人的精度可以认为是 $\frac{1}{2}$ 基准分辨率与机械误差之和。如果能够做到使机构的综合误差达到 $\frac{1}{2}$ 基准分辨率，则精度等于分辨率。但是目前除纳米领域的机构以外，工业机器人尚难以实现这一点。

4. 重复定位精度

重复定位精度是关于精度的统计。任何一台机器人即使在同一环境、同一条件、同一动作、同一命令之下，每一次动作的位置也不可能完全一致。如图 1-8 所示，重复定位精度是指各次不同位置平均值的偏差。若重复定位精度为 ±0.2mm，则指所有的动作位置停止点均在中心的左右 0.2mm 以内。在测试机器人的重复定位精度时，不同速度、不同方位下，反复试验次数越多，重复定位精度的评价就越准确。

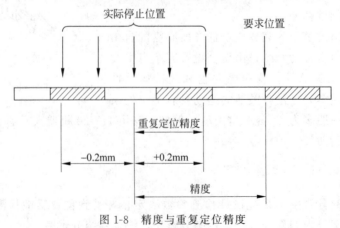

图 1-8　精度与重复定位精度

因重复定位精度不受工作载荷变化的影响，故通常用重复定位精度指标作为衡量"示教-再现"方式工业机器人水平的重要指标。

5．工作范围

工作范围是指机器人手臂末端或手腕中心所能到达的所有点的集合，也叫做工作区域。由于末端执行器的形状和尺寸是多种多样的，为真实反映机器人的特征参数，一般工作范围是指不安装末端执行器时的工作区域。

工作范围的形状和大小是十分重要的，机器人在执行某作业时可能会因为存在手部不能到达的作业死区而不能完成任务。

6．最大工作速度

不同厂家对最大工作速度规定的内容不尽相同，有的厂家定义为工业机器人主要自由度上最大的稳定速度，有的厂家定义为手臂末端最大的合成速度，一般在技术参数中加以说明。显而易见，机器人工作速度越高，工作效率也越高。但是工作速度越高就要花费更多的时间去升速或降速，或者对工业机器人最大加速度变化率及最大减速度变化率的要求更高。

7．承载能力

承载能力是指工业机器人在工作范围内的任何位姿上所能承受的最大质量。承载能力不仅取决于负载的质量，也与工业机器人运行速度和加速度的大小、方向有关。为安全起见，承载能力技术指标是指高速运行时的运行能力。通常承载能力不仅指负载质量，也包括机器人末端执行器的质量。

习题一

1.1　简述工业机器人的定义。
1.2　分别说明三代工业机器人的特点。
1.3　一般工业机器人由哪几个组成部分？
1.4　按操作机坐标形式的不同，工业机器人可以分为哪几种？
1.5　按控制方式的不同，工业机器人可以分为哪几种？
1.6　按驱动方式不同，工业机器人可以分为哪几种？
1.7　工业机器人的主要技术参数有哪些？具体内涵是什么？

第二章

工业机器人的机械结构

工业机器人操作机由机身（机座、立柱）、手臂、手腕和手部等部分组成，如图 2-1 所示。

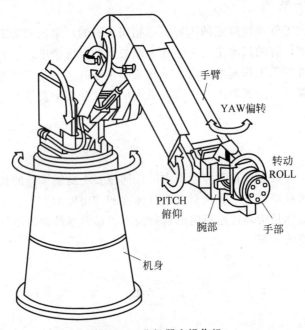

图 2-1　工业机器人操作机

　　一般用运动自由度来表示工业机器人动作的灵活程度，也就是确定操作机位置时所需要的独立运动参数的数目。对于只进行二维平面作业的工业机器人只需要三个自由度，若要使操作具有随意的空间位置与姿态，工业机器人至少需要六个自由度。而对于回避障碍作业的工业机器人则需要有比六个自由度更多的冗余自由度。工业机器人常采用回转副或移动副来实现各个自由度。

第一节　工业机器人的手臂与手腕

一、工业机器人的手臂

手臂是操作机中的主要运动部件，它用来支承手腕和手部，并用来调整手部在空间的位置。手臂一般有三个自由度，即手臂的伸缩、回转和升降（或俯仰）运动。

手臂的直线运动可通过液压缸或汽缸驱动来实现，也可以通过齿轮齿条、滚珠丝杠、直线电动机等来实现。回转运动的实现方法很多，例如蜗轮蜗杆式、齿轮齿条式、链轮链条式，以及谐波齿轮传动装置等。

手臂不仅承受被抓取工件的重量，还承受末端执行器、手腕和手臂自身重量。

图 2-2 所示为 PUMA 型工业机器人的手臂传动机构。其大、小臂是用高强度铝合金材料制成的薄臂框形结构，各运动都采用齿轮传动。驱动大臂的传动机构如图 2-2（a）所示，大臂 1 的驱动电动机 7 安置在臂的后端，兼起配重平衡作用，运动经电动机轴上的小锥齿轮 6、大锥齿轮 5 和一对圆柱齿轮 2、3 驱动大臂轴转动。驱动小臂 17 的传动机构如图 2-2（b）所示，驱动装置安装于大臂 10 的框形臂架，驱动电动机 11 也置于大臂后端，经驱动轴 12，锥齿轮 9、8，圆柱齿轮 14、15，驱动小臂轴转动。回转机座的回转运动则由伺服电动机 24 经齿轮 23、22、21 和 19 驱动，如图 2-2（c）所示。图中偏心套 4、13、16 及 20 用来调整齿轮传动间隙。

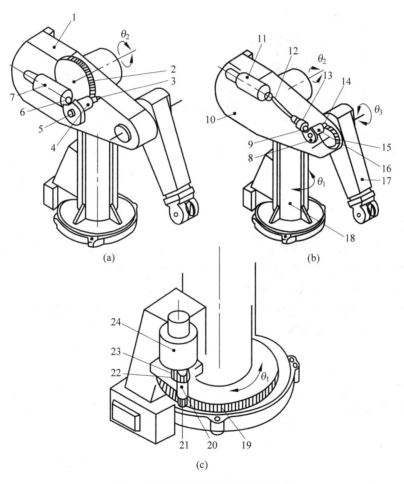

(a)　　　　　　(b)

(c)

图 2-2　PUMA 机器人手臂传动机构

二、工业机器人的手腕

1. 腕部的作用

工业机器人手腕是手臂和手部的连接部件，起支承手部和改变手部姿态的作用。机器人一般具有六个自由度才能使手部达到目标位置和处于期望的姿态，手腕上的自由度主要实现所期望的姿态。

2. 手腕的自由度

为了使手部能处于空间任意方向，要求腕部能实现对空间三个坐标轴 X、Y、Z 的转动，即具有翻转、俯仰和偏转三个自由度，如图 2-3 所示。通常把手腕的翻转称为 Roll，用 R 表示；把手腕的俯仰称为 Pitch，用 P 表示；把手腕的偏转称为 Yaw，用 Y 表示。图 2-3（d）所示手腕即可实现 RPY 运动。

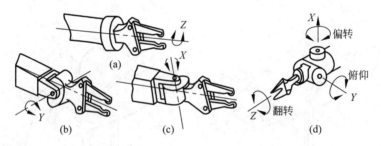

图 2-3　工业机器人手腕的自由度

手腕按自由度数目可分为单自由度手腕、二自由度手腕和三自由度手腕等。

（1）单自由度手腕

单自由度手腕如图 2-4 所示。其中，图 2-4（a）所示为一种回转（roll）关节，它使手臂纵轴线和手腕关节轴线构成共轴线形式，这种 R 关节旋转角度大，可达 360°以上；图 2-4（b）、图 2-4（c）所示为一种弯曲（bend）关节，也称 B 关节，关节轴线与前、后两个连接件的轴线相垂直。这种 B 关节因为受到结构上的干涉，旋转角度小，方向角大大受限。图 2-4（d）所示为移动（translate）关节，也称 T 关节。

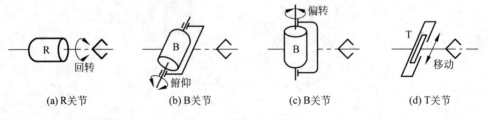

| (a) R关节 | (b) B关节 | (c) B关节 | (d) T关节 |

图 2-4　单自由度手腕

（2）二自由度手腕

二自由度手腕如图 2-5 所示。二自由度手腕可以是由一个 R 关节和一个 B 关节组成的

BR 手腕［图 2-5（a）］，也可以是由两个 B 关节组成的 BB 手腕［图 2-5（b）］。但是不能由两个 RR 关节组成 RR 手腕，因为两个 R 关节共轴线，所以退化了一个自由度，实际只构成单自由度手腕［图 2-5（c）］。二自由度手腕中最常用的是 BR 手腕。

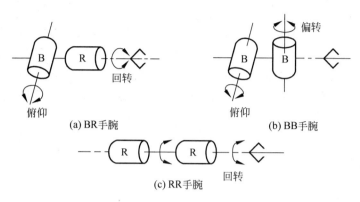

图 2-5　二自由度手腕

（3）三自由度手腕

三自由度手腕可以是由 B 关节和 R 关节组成的多种形式的手腕，但在实际应用中，常用的有 BBR、RRR、BRR 和 RBR 四种，如图 2-6 所示。PUMA 262 机器人的手腕采用的是 RRR 结构形式，安川 HP20 机器人的手腕采用的是 RBR 结构形式（图 2-7）。

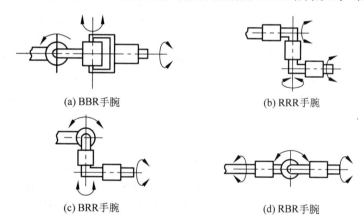

图 2-6　三自由度手腕

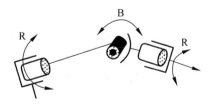

图 2-7　安川 HP20 工业机器人腕部结构形式（RBR）

第二节 工业机器人的手部

工业机器人的手部也称末端执行器，它是装在工业机器人手腕上直接抓握工件或执行作业的部件。对于整个工业机器人来说手部是完成作业好坏、作业柔性优劣的关键部件之一。工业机器人的手部可以像人手那样具有手指，也可以是不具备手指的手；可以是类人的手爪，也可以是进行专业作业的工具，例如装在机器人手腕上的喷漆枪、焊接工具等。

一、机械手爪

1. 手爪的驱动

机械手爪的作用是抓住工件、握持工件和释放工件。通常采用气动、液动、电动和电磁来驱动手指的开合，气动手爪目前得到广泛的应用，主要由于气动手爪具有结构简单、成本低、容易维修，而且开合迅速，质量轻，其缺点在于空气介质的可压缩性，使爪钳位置控制比较复杂。液压驱动手爪成本要高些。电动手爪的优点在于手指开合电机的控制与机器人控制共用一个系统，但是夹紧力比气动手爪、液压手爪小，相比而言开合时间要稍长。如图 2-8 所示为一种气动手爪，汽缸 4 中压缩空气推动活塞 3 使连杆齿条 2 做往复运动，经扇形齿轮 1 带动平行四边形机构，使爪钳 5 平行地快速开合。

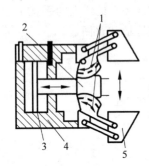

1—扇形齿轮；2—齿条；
3—活塞；4—汽缸；5—爪钳
图 2-8 气压驱动的手爪

2. 手爪的传动机构

驱动源的驱动力通过传动机构驱使爪钳开合并产生夹紧力。对于传动机构有运动要求和夹紧力要求。如图 2-8 及图 2-9（a）所示的平行连杆式手爪和齿轮齿条式手爪可保持爪钳平行运动，夹持宽度变化大。对夹紧力要求是爪钳开合度不同时夹紧力能保持不变。

3. 爪钳

爪钳是与工件直接接触的部分。它们的形状和材料对夹紧力有很大影响。夹紧工件的接触点越多，所要求的夹紧力越小，对夹持工件来说更显得安全。图 2-10 所示是具有 V 形爪钳表面的手爪，有四条折线与工件相接触，形成力封闭形式的夹持状态。

二、磁力吸盘

磁力吸盘有电磁吸盘和永磁吸盘两种。磁力吸盘是在手部装上电磁铁，通过磁场吸力把工件吸住。图 2-11 为电磁吸盘的结构示意图。线圈通电后产生磁性吸力将工件吸住，

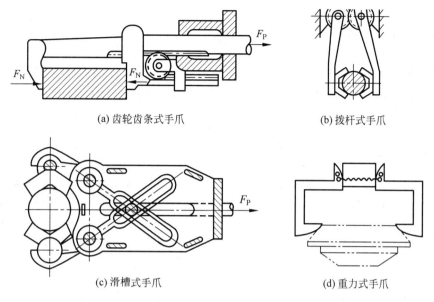

(a) 齿轮齿条式手爪　　　　　　　　(b) 拨杆式手爪

(c) 滑槽式手爪　　　　　　　　　　(d) 重力式手爪

图 2-9　四种手爪传动机构

断电后磁吸力消失将工件松开。若采用永久磁铁作为吸盘，则必须是强迫性取下工件。电磁吸盘只能吸住铁磁材料制成的工件，吸不住有色金属和非金属材料的工件。磁力吸盘的缺点是被吸取工件有剩磁，吸盘上常会吸附一些铁屑，致使不能可靠地吸住工件。对于不准有剩磁的场合，不能选用磁力吸盘，可用真空吸盘，例如钟表及仪表零件。另外高温条件下不宜使用磁力吸盘，主要在于钢、铁等磁性物质在 723℃ 以上时磁性会消失。

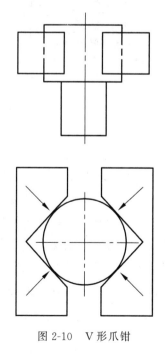

图 2-10　V 形爪钳

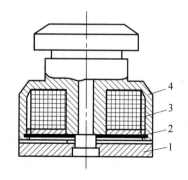

1—磁盘；2—防尘盖；3—线圈；4—外壳体

图 2-11　电磁吸盘结构

三、真空式吸盘

真空式吸盘主要用在搬运体积大、质量轻的如冰箱壳体、汽车壳体等零件；也广泛用在需要小心搬运的物件如显像管、平板玻璃等。真空式吸盘对工件表面要求平整光滑、干燥清洁、能气密。根据真空产生的原理，可分为三种。

1．真空吸盘

图 2-12 所示为产生负压的真空吸盘控制系统。采用真空泵能保证吸盘内持续产生负压。吸盘吸力取决于吸盘与工件表面的接触面积和吸盘内外压差，另外与工件表面状态也有十分密切的关系，它影响负压的泄漏。

2．气流负压吸盘

气流负压吸盘的工作原理如图 2-13 所示。压缩空气进入喷嘴后，利用伯努利效应使橡胶皮碗内产生负压。在工厂一般都有空压机或空压站，空压机气源比较容易解决，不用专为机器人配置真空泵，因此气流负压吸盘在工厂使用方便。

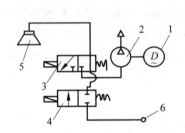

1—电机；2—真空泵；3、4—电磁阀；5—吸盘；6—通大气

图 2-12　真空吸盘控制系统

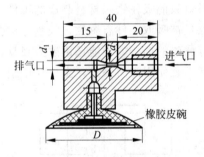

图 2-13　气流负压吸盘

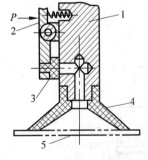

1—吸盘架；2—压盖；
3—密封垫；4—吸盘；5—工件

图 2-14　挤气负压吸盘

3．挤气负压吸盘

挤气负压吸盘结构如图 2-14 所示。当吸盘压向工件表面时，将吸盘内空气挤出；松开时，去除压力，吸盘恢复弹性变形使吸盘内腔形成负压，将工件牢牢吸住，机械手即可进行工件搬运；到达目标位置后，可用碰撞力或用电磁力使压盖 2 动作，使空气进入吸盘腔内，释放工件。这种挤气负压吸盘不需要真空泵也不需要压缩空气气源，比较经济方便，但是可靠性比真空吸盘和气流负压吸盘差。

第三节　工业机器人的传动机构

工业机器人的驱动源通过传动部件来驱动关节的移动或转动，从而实现机身、手臂和手腕的运动。因此，传动部件是构成工业机器人的重要部件。根据传动类型的不同，传动部件可以分为两大类：直线传动机构和旋转传动机构。

一、直线传动机构

工业机器人常用的直线传动机构可以直接由汽缸或液压缸和活塞产生，也可以采用齿轮齿条、滚珠丝杠螺母等传动元件由旋转运动转换得到。

1. 移动关节导轨

在运动过程中移动关节导轨可以起到保证位置精度和导向的作用。移动关节导轨有五种：普通滑动导轨、液压动压滑动导轨、液压静压滑动导轨、气浮导轨和滚动导轨。前两种导轨具有结构简单、成本低的优点，但是它必须留有间隙以便润滑，而机器人载荷的大小和方向变化很快，间隙的存在又将会引起坐标位置的变化和有效载荷的变化；另外，这种导轨的摩擦系数又随着速度的变化而变化，在低速时容易产生爬行现象等缺点。第三种静压导轨结构能产生预载荷，能完全消除间隙，具有高刚度、低摩擦、高阻尼等优点，但是它需要单独的液压系统和回收润滑油的机构。第四种气浮导轨的缺点是刚度和阻尼较低。目前第五种滚动导轨在工业机器人中应用最为广泛，如图 2-15 所示为包容式滚动导轨的结构，用支承座支承，可以方便地与任何平面相连，此时套筒必须是开式的，嵌入在滑枕中，既增强刚度也方便了与其他元件的连接。

2. 齿轮齿条装置

齿轮齿条装置中（图 2-16），如果齿条固定不动，当齿轮转动时，齿轮轴连同拖板沿齿条方向做直线运动。这样，齿轮的旋转运动就转换成拖板的直线运动。拖板是由导杆或导轨支承的，该装置的回差较大。

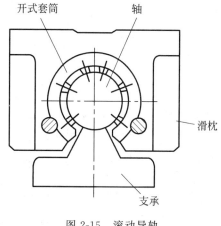

图 2-15　滚动导轨

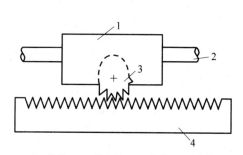

1—拖板；2—导向杆；3—齿轮；4—齿条
图 2-16　齿轮齿条式增倍机构的手臂结构

3. 滚珠丝杠与螺母

在工业机器人中经常采用滚珠丝杠，这是因为滚珠丝杠的摩擦力很小且运动响应速度快。由于滚珠丝杠螺母的螺旋槽里放置了许多滚珠，丝杠在传动过程中所受的是滚动摩擦力，摩擦力较小，因此传动效率高，同时可消除低速运动时的爬行现象；在装配时施加一定的预紧力，可消除回差。

如图 2-17 所示滚珠丝杠螺母里的滚珠经过研磨的导槽循环往复传递运动与动力。滚珠丝杠的传动效率可以达到 90%。

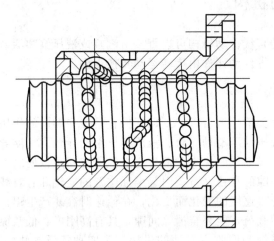

图 2-17　滚珠丝杠螺母副

4. 液（气）压缸

液（气）压缸是将液压泵（空压机）输出的压力能转换为机械能、做直线往复运动的执行元件，使用液（气）压缸可以容易地实现直线运动。液（气）压缸主要由缸筒、缸盖、活塞、活塞杆和密封装置等部件构成，活塞和缸筒采用精密滑动配合，压力油（压缩空气）从液（气）压缸的一端进入，把活塞推向液（气）压缸的另一端，从而实现直线运动。通过调节进入液（气）压缸液压油（压缩空气）的流动方向和流量可以控制液（气）压缸的运动方向和速度。

二、旋转传动机构

一般电动机都能够直接产生旋转运动，但其输出力矩比所要求的力矩小，转速比要求的转速高，因此需要采用齿轮、皮带传送装置或其他运动传动机构，把较高的转速转换成较低的转速，并获得较大的力矩。运动的传递和转换必须高效率地完成。并且不能有损于机器人系统所需要的特性，包括定位精度、重复定位精度和可靠性等。通过下列传动机构可以实现运动的传递和转换。

1. 齿轮副

齿轮副不但可以传递运动角位移和角速度，而且可以传递力和力矩，如图 2-18 所示，一个齿轮装在输入轴上，另一个齿轮装在输出轴上，可以得到齿轮的齿数与其转速成反比 [式（2-1）]，输出力矩与输入力矩之比等于输出齿数与输入齿数之比 [式（2-2）]。

$$\frac{z_i}{z_o} = \frac{n_o}{n_i} \tag{2-1}$$

$$\frac{T_o}{T_i} = \frac{z_o}{z_i} \tag{2-2}$$

2. 同步带传动装置

在工业机器人中同步带传动主要用来传递平行轴间的运动。同步传送带和带轮的接触面都制成相应的齿形，靠啮合传递功率，其传动原理如图 2-19 所示。齿的节距用包络带轮时的圆节距 t 表示。

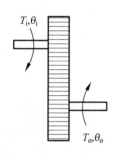

图 2-18　齿轮传动副

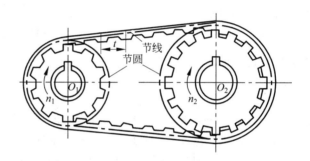

图 2-19　同步带传动原理

同步带的计算公式为

$$i = \frac{n_2}{n_1} = \frac{z_1}{z_2} \tag{2-3}$$

式中：n_1 为主动轮转速（r/min）；n_2 为被动轮转速（r/min）；z_1 为主动轮齿数；z_2 为被动轮齿数。

同步带传动的优点：传动时无滑动，传动比准确，传动平稳；速比范围大；初始拉力小；轴与轴承不易过载。但是，这种传动机构的制造及安装要求严格，对带的材料要求也较高，因而成本较高。同步带传动适合于电动机和高减速比减速器之间的传动。

3. 谐波齿轮

目前工业机器人的旋转关节有 $60\%\sim70\%$ 都使用谐波齿轮传动。

谐波齿轮传动由刚性齿轮、谐波发生器和柔性齿轮三个主要零件组成，如图 2-20 所示。工作时，刚性齿轮 6 固定安装，各齿均布于圆周上，具有外齿圈 2 的柔性齿轮 5 沿刚性齿轮的内齿圈 3 转动。柔性齿轮比刚性齿轮少两个齿，所以柔性齿轮沿刚性齿轮每转一圈就反向转过两个齿的相应转角。谐波发生器 4 具有椭圆形轮廓，装在其上的滚珠用于支承柔性齿轮，谐波发生器驱动柔性齿轮旋转并使之发生塑性变形。转动时，柔性齿轮的椭圆形端部只有少数齿与刚性齿轮啮合，只有这样，柔性齿轮才能相对于刚性齿轮自由地转过一定的角度。通常刚性齿轮固定，谐波发生器作为输入端，柔性齿轮与输出轴相连。

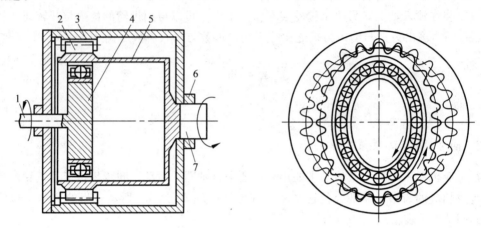

1—输入轴；2—柔性外齿圈；3—刚性内齿圈；4—谐波发生器；5—柔性齿轮；6—刚性齿轮；7—输出轴

图 2-20　谐波齿轮传动

谐波齿轮传动比计算公式为

$$i = \frac{z_2 - z_1}{z_2} \qquad (2\text{-}4)$$

式中：z_1 为柔性齿轮的齿数；z_2 为刚性齿轮的齿数。假设刚性齿轮有 100 个齿，柔性齿轮比它少两个齿，则当谐波发生器转 50 圈时，柔性齿轮转 1 圈，这样只占用很小的空间就可以得到 1∶50 的减速比。通常将谐波发生器装在输入轴，把柔性齿轮装在输出轴，以获得较大的齿轮减速比。

4. 摆线针轮传动减速器

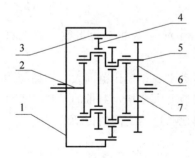

1—针齿壳；2—输出轴；3—针齿；
4—摆线轮；5—曲柄轴；6—行星轮；
7—中心轮

图 2-21　摆线针轮传动

摆线针轮传动是在针摆传动基础上发展起来的一种新型传动方式，20 世纪 80 年代日本研制出了用于机器人关节的摆线针轮传动减速器，图 2-21 所示为摆线针轮传动简图，它由渐开线圆柱齿轮行星减速机构和摆线针轮行星减速机构两部分组成。渐开线行星轮 6 与曲柄轴 5 连成一体，作为摆线针轮传动部分的输入。如果渐开线中心轮 7 顺时针旋转，那么，渐开线行星齿轮在公转的同时还逆时针自转，并通过曲柄轴带动摆线轮做平面运动。此时，摆线轮因受与之啮合的针轮的约束，在其轴线绕针轮轴线公转的同时，还将反方向自转，即顺时针转动。同时，它通过曲柄轴推动行星架输出机构顺时针转动。

习题二

2.1　简述工业机器人操作机的组成。

2.2　简述工业机器人手臂与手腕的运动自由度。

2.3　试说明气压驱动式手爪的结构与原理？

2.4　试说明工业机器人四种手爪传动机构。

2.5　试说明负压式真空吸盘的结构与工作原理。

2.6　工业机器人常见的直线传动机构有哪些？

2.7　工业机器人常见的旋转式传动机构有哪些？

第三章

工业机器人的坐标系统

工业机器人中最有代表性的是关节机器人，可以看成是由一系列关节连接而成的空间连杆开式链机构。为了定量地确定和分析机器人手部在空间的运动规律，需要一种合适的运动描述的数学方法。通常采用矩阵法来描述，即把坐标系固定于每一个连杆的关节上，如果知道了这些坐标之间的相互关系，手部在空间的位置与姿态（简称位姿）也就能够确定了。具体求解时一般采用齐次变换来描述这些坐标系之间的相对位置和方向。

已知关节运动学参数求出手部运动学参数是工业机器人正向运动学问题的求解；反之，则是工业机器人逆向运动学问题的求解。

第一节　工业机器人的坐标变换

一、空间刚体的位姿表示

1. 刚体位置和姿态的描述

工业机器人的一个连杆可以看成一个刚体。若给定了刚体上某一点的位置和刚体在空间的姿态，则这个刚体在空间上是完全确定的。

设有一刚体 Q，如图 3-1 所示，O' 为刚体上任一点，$O'X'Y'Z'$ 为与刚体固连的一个坐标系，称为动坐标系。刚体 Q 在固定坐标系中的位置可用齐次坐标形式的一个（4×1）列阵表示为

$$p = \begin{bmatrix} x_0 \\ y_0 \\ z_0 \\ 1 \end{bmatrix} \qquad (3\text{-}1)$$

刚体的姿态可由动坐标的坐标轴方向来表示。令 $\boldsymbol{n}$、$\boldsymbol{o}$、$\boldsymbol{a}$ 分别为 X'、Y'、Z' 坐标轴的单位方向矢量。每个单位方向矢量在固定坐标系上的分量为动坐标系各坐标轴的方向余弦（各个单位方向矢量与固定坐标系每个轴的夹角余弦），用齐次坐标形式的（4×1）列阵分别表示为

$$\boldsymbol{n} = [n_x n_y n_z 0]^{\mathrm{T}}, \quad \boldsymbol{o} = [o_x o_y o_z 0]^{\mathrm{T}}, \quad \boldsymbol{a} = [a_x a_y a_z 0]^{\mathrm{T}} \qquad (3\text{-}2)$$

因此，图 3-1 中刚体的位姿可用下面（4×4）矩阵来描述：

$$T = [\begin{matrix} n & o & a & p \end{matrix}] = \begin{bmatrix} n_x & o_x & a_x & x_0 \\ n_y & o_y & a_y & y_0 \\ n_z & o_z & a_z & z_0 \\ 0 & 0 & 0 & 1 \end{bmatrix} \tag{3-3}$$

[**例 3-1**] 图 3-2 表示固连于刚体的坐标系 $\{B\}$ 位于 O_B 点，$x_b = 10$，$y_b = 5$，$z_b = 0$。Z_b 轴与画面垂直，坐标系 $\{B\}$ 相对固定坐标系 $\{A\}$ 有一个 $30°$ 的偏转，试写出表示刚体位姿的坐标系 $\{B\}$ 的（4×4）的矩阵表达式。

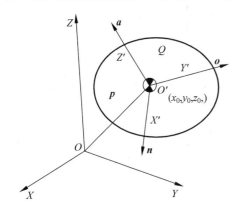

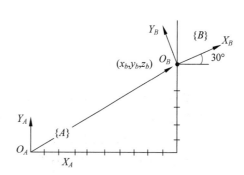

图 3-1 刚体的位置和姿态　　　　　图 3-2 动坐标系 $\{B\}$ 的描述

[**解**]

X_B 的方向列阵：$\boldsymbol{n} = [\begin{matrix} \cos30° & \cos60° & \cos90° & 0 \end{matrix}]^T = [\begin{matrix} 0.866 & 0.5 & 0 & 0 \end{matrix}]^T$

Y_B 的方向列阵：$\boldsymbol{o} = [\begin{matrix} \cos120° & \cos30° & \cos90° & 0 \end{matrix}]^T = [\begin{matrix} -0.5 & 0.866 & 0 & 0 \end{matrix}]^T$

Z_B 的方向列阵：$\boldsymbol{a} = [\begin{matrix} 0 & 0 & 1 & 0 \end{matrix}]^T$

坐标系 $\{B\}$ 的（4×4）矩阵表达式为：

$$T = \begin{bmatrix} 0.866 & -0.5 & 0 & 10 \\ 0.5 & 0.866 & 0 & 5 \\ 0 & 0 & 1 & 0 \\ 0 & 0 & 0 & 1 \end{bmatrix}$$

2. 手部位置和姿态的表示

工业机器人手部的位置和姿态也可以用固连于手部的坐标系 $\{B\}$ 的位姿来表示，如图 3-3 所示。坐标系 $\{B\}$ 可以这样来确定：取手部的中心点为原点 O_B；关节轴为 Z_B 轴，Z_B 轴的单位方向矢量 $\boldsymbol{a}$ 称为接近矢量，指向朝外；二手指的连线为 Y_B 轴，Y_B 轴的单位方向矢量 $\boldsymbol{o}$ 称为姿态矢量，指向如图所示；X_B 轴与 Y_B 轴及 Z_B 轴垂直，X_B 轴的单位方向矢量 $\boldsymbol{n}$ 称为法向矢量，三个轴指向符合右手法则。

手部的位姿可用（4×4）矩阵表示为

$$[\begin{matrix} \boldsymbol{n} & \boldsymbol{o} & \boldsymbol{a} & \boldsymbol{p} \end{matrix}] = \begin{bmatrix} n_x & o_x & a_x & p_x \\ n_y & o_y & a_y & p_y \\ n_z & o_z & a_z & p_z \\ 0 & 0 & 0 & 1 \end{bmatrix} \tag{3-4}$$

[例 3-2] 图 3-4 表示手部抓握物体 Q，物体边长为两个单位的正方体。物体 Q 的形心与手部坐标系 $O'X'Y'Z'$ 的坐标原点 O' 相重合，要求写出表达该手部位姿的矩阵式。

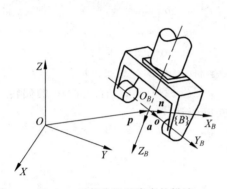
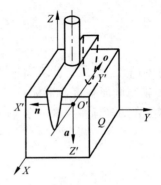

图 3-3　手部位置及姿态的描述　　　　图 3-4　握住物体 Q 的手部

[解]

由于物体 Q 的形心与手部坐标系 $O'X'Y'Z'$ 的坐标原点 O' 相重合，所以手部位置 (4×1) 列阵为：$\boldsymbol{p} = [1\ \ 1\ \ 1\ \ 1]^{\mathrm{T}}$

手部坐标系 X' 轴的方向矢量为：

$$\boldsymbol{n} = [\cos90°\ \ \cos180°\ \ \cos90°\ \ 1]^{\mathrm{T}} = [0\ \ -1\ \ 0\ \ 1]^{\mathrm{T}}$$

同理，Y' 轴的方向矢量为：$\boldsymbol{o} = [-1\ \ 0\ \ 0\ \ 0]^{\mathrm{T}}$

Z' 轴的方向矢量为：$\boldsymbol{a} = [0\ \ 0\ \ -1\ \ 0]^{\mathrm{T}}$

综合得到手部位姿矩阵为：

$$\boldsymbol{T} = [\boldsymbol{n}\ \ \boldsymbol{o}\ \ \boldsymbol{a}\ \ \boldsymbol{p}] = \begin{bmatrix} 0 & -1 & 0 & 1 \\ -1 & 0 & 0 & 1 \\ 0 & 0 & -1 & 1 \\ 0 & 0 & 0 & 1 \end{bmatrix}$$

二、坐标平移变换

如图 3-5 所示，空间某一点 A，坐标为 $(x,\ y,\ z)$，当它平移至 A' 点后，坐标为 $(x',\ y',\ z')$。

两点之间有以下的关系式：

$$\begin{cases} x' = x + \Delta x \\ y' = y + \Delta y \\ z' = z + \Delta z \end{cases} \tag{3-5}$$

也可以写成矩阵式：

$$\begin{bmatrix} x' \\ y' \\ z' \\ 1 \end{bmatrix} = \begin{bmatrix} 1 & 0 & 0 & \Delta x \\ 0 & 1 & 0 & \Delta y \\ 0 & 0 & 1 & \Delta z \\ 0 & 0 & 0 & 1 \end{bmatrix} \begin{bmatrix} x \\ y \\ z \\ 1 \end{bmatrix} \tag{3-6}$$

图 3-5　点的平移变换

$$\text{Trans}(\Delta x, \Delta y, \Delta z) = \begin{bmatrix} 1 & 0 & 0 & \Delta x \\ 0 & 1 & 0 & \Delta y \\ 0 & 0 & 1 & \Delta z \\ 0 & 0 & 0 & 1 \end{bmatrix} \qquad (3\text{-}7)$$

Trans（Δx，Δy，Δz）称为齐次坐标变换的平移算子，若算子左乘，表示坐标变换是相对固定坐标系进行的；假如相对动坐标系进行坐标变换，则算子应该右乘。

[例 3-3] 有下面两种情况，如图 3-6 所示：动坐标系 $\{A\}$ 相对于固定坐标系的 X_0、Y_0、Z_0 轴作（-1，2，2）平移后到 $\{A'\}$；动坐标系 $\{A\}$ 相对于自身坐标系的 X、Y、Z 轴分别作（-1，2，2）平移后到 $\{A''\}$。已知：

$$A = \begin{bmatrix} 0 & -1 & 0 & 1 \\ -1 & 0 & 0 & 1 \\ 0 & 0 & -1 & 1 \\ 0 & 0 & 0 & 1 \end{bmatrix}$$

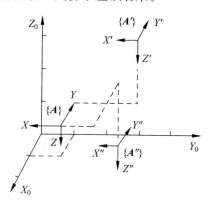

图 3-6　坐标系的平移变换

要求写出坐标系 $\{A'\}$、$\{A''\}$ 的矩阵表达式。

[解] 动坐标系 $\{A\}$ 的两个平移坐标变换算子相同，均为：

$$\text{Trans}(\Delta x, \Delta y, \Delta z) = \begin{bmatrix} 1 & 0 & 0 & -1 \\ 0 & 1 & 0 & 2 \\ 0 & 0 & 1 & 2 \\ 0 & 0 & 0 & 1 \end{bmatrix}$$

$\{A'\}$ 坐标系是动坐标系 $\{A\}$ 相对于固定坐标系平移变换得到的，因此算子左乘，

$$A' = \begin{bmatrix} 1 & 0 & 0 & -1 \\ 0 & 1 & 0 & 2 \\ 0 & 0 & 1 & 2 \\ 0 & 0 & 0 & 1 \end{bmatrix} \begin{bmatrix} 0 & -1 & 0 & 1 \\ -1 & 0 & 0 & 1 \\ 0 & 0 & -1 & 1 \\ 0 & 0 & 0 & 1 \end{bmatrix} = \begin{bmatrix} 0 & -1 & 0 & 0 \\ -1 & 0 & 0 & 3 \\ 0 & 0 & -1 & 3 \\ 0 & 0 & 0 & 1 \end{bmatrix}$$

$\{A''\}$ 坐标系是动坐标系 $\{A\}$ 沿自身坐标系平移变换得到的，因此算子右乘，

$$A'' = \begin{bmatrix} 0 & -1 & 0 & 1 \\ -1 & 0 & 0 & 1 \\ 0 & 0 & -1 & 1 \\ 0 & 0 & 0 & 1 \end{bmatrix} \begin{bmatrix} 1 & 0 & 0 & -1 \\ 0 & 1 & 0 & 2 \\ 0 & 0 & 1 & 2 \\ 0 & 0 & 0 & 1 \end{bmatrix} = \begin{bmatrix} 0 & -1 & 0 & -1 \\ -1 & 0 & 0 & 2 \\ 0 & 0 & -1 & -1 \\ 0 & 0 & 0 & 1 \end{bmatrix}$$

三、坐标旋转变换

如图 3-7 所示，空间某一点 A，坐标为 (x, y, z)，当它绕 Z 轴旋转 θ 角后至 A' 点，坐标为 (x', y', z')。

两点之间有以下的关系式：

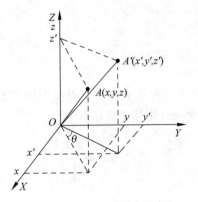

图 3-7 点的旋转变换

$$\begin{cases} x' = x\cos\theta - y\sin\theta \\ y' = x\sin\theta + y\cos\theta \\ z' = z \end{cases} \qquad (3-8)$$

也可以写成矩阵式：

$$\begin{bmatrix} x' \\ y' \\ z' \\ 1 \end{bmatrix} = \begin{bmatrix} \cos\theta & -\sin\theta & 0 & 0 \\ \sin\theta & \cos\theta & 0 & 0 \\ 0 & 0 & 1 & 0 \\ 0 & 0 & 0 & 1 \end{bmatrix} \begin{bmatrix} x \\ y \\ z \\ 1 \end{bmatrix} \qquad (3-9)$$

将上式简写成 $\boldsymbol{a}' = \mathrm{Rot}(z, \theta)\boldsymbol{a}$，式中 Rot（$z$, θ）表示坐标变换时绕 Z 轴的旋转算子。算子左乘表示相对于固定坐标系进行变换，算子右乘表示相对于动坐标系进行变换。

同样也可得到绕 X 轴旋转 θ 角的矩阵表达式：

$$\begin{bmatrix} x' \\ y' \\ z' \\ 1 \end{bmatrix} = \begin{bmatrix} 1 & 0 & 0 & 0 \\ 0 & \cos\theta & -\sin\theta & 0 \\ 0 & \sin\theta & \cos\theta & 0 \\ 0 & 0 & 0 & 1 \end{bmatrix} \begin{bmatrix} x \\ y \\ z \\ 1 \end{bmatrix} \qquad (3-10)$$

同样也可得到绕 Y 轴旋转 θ 角的矩阵表达式：

$$\begin{bmatrix} x' \\ y' \\ z' \\ 1 \end{bmatrix} = \begin{bmatrix} \cos\theta & 0 & \sin\theta & 0 \\ 0 & 1 & 0 & 0 \\ -\sin\theta & 0 & \cos\theta & 0 \\ 0 & 0 & 0 & 1 \end{bmatrix} \begin{bmatrix} x \\ y \\ z \\ 1 \end{bmatrix} \qquad (3-11)$$

[例 3-4] 已知坐标系中点 U 的位置矢量为 $\boldsymbol{U} = [7 \quad 3 \quad 2 \quad 1]^{\mathrm{T}}$，将此点绕 Z 轴旋转 $90°$，再绕 Y 轴旋转 $90°$，求旋转后所得的点 W。

[解] 根据算子左乘表示相对于固定坐标系进行变换的原则，得到：

$$W = \mathrm{Rot}(Y, 90°) \cdot \mathrm{Rot}(Z, 90°) \cdot \boldsymbol{U}$$

$$= \begin{bmatrix} 0 & 0 & 1 & 0 \\ 0 & 1 & 0 & 0 \\ -1 & 0 & 0 & 0 \\ 0 & 0 & 0 & 1 \end{bmatrix} \begin{bmatrix} 0 & -1 & 0 & 0 \\ 1 & 0 & 0 & 0 \\ 0 & 0 & 1 & 0 \\ 0 & 0 & 0 & 1 \end{bmatrix} \begin{bmatrix} 7 \\ 3 \\ 2 \\ 1 \end{bmatrix} = \begin{bmatrix} 0 & 0 & 1 & 0 \\ 1 & 0 & 0 & 0 \\ 0 & 1 & 0 & 0 \\ 0 & 0 & 0 & 1 \end{bmatrix} \begin{bmatrix} 7 \\ 3 \\ 2 \\ 1 \end{bmatrix} = \begin{bmatrix} 2 \\ 7 \\ 3 \\ 1 \end{bmatrix}$$

[例 3-5] 图 3-8 所示单臂操作手的手腕具有一个自由度。已知手部起始位姿矩阵为：

$$\boldsymbol{G}_1 = \begin{bmatrix} 0 & 1 & 0 & 2 \\ 1 & 0 & 0 & 6 \\ 0 & 0 & -1 & 2 \\ 0 & 0 & 0 & 1 \end{bmatrix}$$

若手臂绕 Z_0 轴旋转 $90°$，则手部到达 $\boldsymbol{G}_2$；若手臂不动，仅手部绕手腕 Z_1 轴旋转 $90°$，则手部到达 $\boldsymbol{G}_3$。写出手部坐标系 $\{\boldsymbol{G}_2\}$ 及 $\{\boldsymbol{G}_3\}$ 的矩阵表达式。

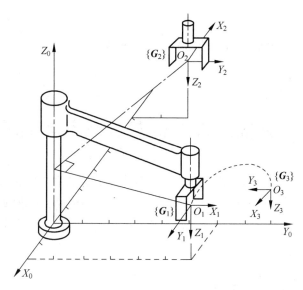

图 3-8　手臂转动和手腕转动

[解]　手臂绕定轴转动是相对于固定坐标系作旋转变换，故有：

$$\boldsymbol{G}_2 = \text{Rot}(Z_0, 90°)\boldsymbol{G}_1$$

$$= \begin{bmatrix} 0 & -1 & 0 & 0 \\ 1 & 0 & 0 & 0 \\ 0 & 0 & 1 & 0 \\ 0 & 0 & 0 & 1 \end{bmatrix} \begin{bmatrix} 0 & 1 & 0 & 2 \\ 1 & 0 & 0 & 6 \\ 0 & 0 & -1 & 2 \\ 0 & 0 & 0 & 1 \end{bmatrix} = \begin{bmatrix} -1 & 0 & 0 & -6 \\ 0 & 1 & 0 & 2 \\ 0 & 0 & -1 & 2 \\ 0 & 0 & 0 & 1 \end{bmatrix}$$

手部绕手腕轴旋转是相对于动坐标系作旋转变换，所以：

$$\boldsymbol{G}_3 = \boldsymbol{G}_1 \text{Rot}(Z_1, 90°)$$

$$= \begin{bmatrix} 0 & 1 & 0 & 2 \\ 1 & 0 & 0 & 6 \\ 0 & 0 & -1 & 2 \\ 0 & 0 & 0 & 1 \end{bmatrix} \begin{bmatrix} 0 & -1 & 0 & 0 \\ 1 & 0 & 0 & 0 \\ 0 & 0 & 1 & 0 \\ 0 & 0 & 0 & 1 \end{bmatrix} = \begin{bmatrix} 1 & 0 & 0 & 2 \\ 0 & -1 & 0 & 6 \\ 0 & 0 & -1 & 2 \\ 0 & 0 & 0 & 1 \end{bmatrix}$$

四、坐标复合变换

平移变换和旋转变换可以组合在一个齐次变换中，称为复合变换。

如例 3-4 中的点 W 若还要沿固定坐标系的 X、Y、Z 轴作（4，−3，7）平移至 E 点，则只要左乘上平移变换矩阵，即可得到 E 点的列阵。

$$\boldsymbol{E} = \text{Trans}(4, -3, 7)\text{Rot}(Y, 90°)\text{Rot}(Z, 90°)\boldsymbol{U}$$

$$= \begin{bmatrix} 1 & 0 & 0 & 4 \\ 0 & 1 & 0 & -3 \\ 0 & 0 & 1 & 7 \\ 0 & 0 & 0 & 1 \end{bmatrix} \begin{bmatrix} 0 & 0 & 1 & 0 \\ 1 & 0 & 0 & 0 \\ 0 & 1 & 0 & 0 \\ 0 & 0 & 0 & 1 \end{bmatrix} \begin{bmatrix} 7 \\ 3 \\ 2 \\ 1 \end{bmatrix} = \begin{bmatrix} 0 & 0 & 1 & 4 \\ 1 & 0 & 0 & -3 \\ 0 & 1 & 0 & 7 \\ 0 & 0 & 0 & 1 \end{bmatrix} \begin{bmatrix} 7 \\ 3 \\ 2 \\ 1 \end{bmatrix} = \begin{bmatrix} 6 \\ 4 \\ 10 \\ 1 \end{bmatrix}$$

$$
\text{式中：}
\begin{bmatrix}
0 & 0 & 1 & 4 \\
1 & 0 & 0 & -3 \\
0 & 1 & 0 & 7 \\
0 & 0 & 0 & 1
\end{bmatrix}
\text{为平移加旋转的复合变换矩阵。}
$$

第二节　工业机器人连杆参数及其坐标变换

　　工业机器人末端执行器（手部）的位置、姿态与机器人各杆件的尺寸、运动类型以及杆件间的连接直接相关。Denavit 和 Hartenberg 在 1955 年提出一种通用的方法，即在机器人的每个连杆上都固定一个坐标系，然后用 4×4 的齐次变换矩阵来描述相邻两连杆的空间关系。

一、连杆坐标系与连杆参数

　　转动关节的 $D\text{-}H$ 坐标系建立如图 3-9 所示。

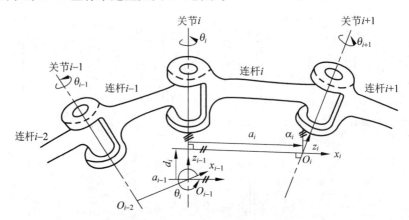

图 3-9　转动关节连杆 $D\text{-}H$ 坐标系

　　连杆 i 坐标系的 Z_i 轴位于连杆 i 与连杆 $i+1$ 的转动关节轴线上；连杆 i 的两端轴线的公垂线为连杆坐标系的 X_i 轴，方向指向下一个连杆；公垂线与 Z_i 的交点为坐标系原点；坐标系的 Y_i 轴由 X_i 和 Z_i 确定。至此，连杆 i 的坐标系就确立了。

　　对于如上建立的连杆坐标系，可用 4 个参数来描述，其中两个参数用来描述连杆，即两关节轴线沿公垂线的距离 a_i，称为连杆长度，垂直于 a_i 所在平面内两关节轴线（Z_{i-1} 和 Z_i）的夹角 α_i，称为连杆扭角；另外两个参数描述相邻两杆的关系，即沿关节 i 轴线两个公垂线的距离 d_i（称为连杆距离），垂直于关节 i 轴线的平面内两个公垂线的夹角 θ_i（称为连杆夹角）。对于转动关节而言，θ_i 是关节，其他三个参数固定不变。

二、连杆坐标系之间的坐标变换

　　从坐标系 $\{O_{i-1}\}$ 到坐标系 $\{O_i\}$ 之间的坐标变换，可由坐标系 $\{O_{i-1}\}$ 经过以下的变换来实现：

（1）绕 z_{i-1} 轴旋转 θ_i 角，使 x_{i-1} 轴与 x_i 轴同向；

（2）沿 z_{i-1} 轴平移距离 d_i，使 x_{i-1} 轴与 x_i 轴在同一条直线上；

（3）沿 x_i 轴平移距离 a_i，使坐标系 $\{O_{i-1}\}$ 的坐标原点与坐标系 $\{O_i\}$ 的坐标原点重合；

（4）绕 x_i 轴旋转 α_i 角，使 z_{i-1} 轴与 Z_i 轴在同一条直线上。

上述变换每次都是相对于动坐标系进行的，因此应采用算子右乘，所以经过这四次（旋转-平移-平移-旋转）变换的齐次变换矩阵为：

$$\boldsymbol{T}_i = \mathrm{Rot}(z_{i-1},\theta_i)\mathrm{Trans}(0,0,d_i)\mathrm{Trans}(a_i,0,0)\mathrm{Rot}(x,\alpha_i)$$

即

$$\boldsymbol{T}_i = \begin{bmatrix} \cos\theta_i & -\sin\theta_i & 0 & 0 \\ \sin\theta_i & \cos\theta_i & 0 & 0 \\ 0 & 0 & 1 & 0 \\ 0 & 0 & 0 & 1 \end{bmatrix} \begin{bmatrix} 1 & 0 & 0 & a_i \\ 0 & 1 & 0 & 0 \\ 0 & 0 & 1 & d_i \\ 0 & 0 & 0 & 1 \end{bmatrix} \begin{bmatrix} 1 & 0 & 0 & 0 \\ 0 & \cos\alpha_i & -\sin\alpha_i & 0 \\ 0 & \sin\alpha_i & \cos\alpha_i & 0 \\ 0 & 0 & 0 & 1 \end{bmatrix}$$

$$= \begin{bmatrix} \cos\theta_i & -\sin\theta_i\cos\alpha_i & \sin\theta_i\sin\alpha_i & a_i\cos\theta_i \\ \sin\theta_i & \cos\theta_i\cos\alpha_i & -\cos\theta_i\sin\alpha_i & a_i\sin\theta_i \\ 0 & \sin\alpha_i & \cos\alpha_i & d_i \\ 0 & 0 & 0 & 1 \end{bmatrix} \tag{3-12}$$

第三节　工业机器人的运动学简介

一、运动学正解

工业机器人工作过程中的位姿是变化的。其中位置可用从机座坐标原点 O_0 出发，指向机械接口坐标系的坐标原点 O_m 的矢量 $\boldsymbol{P}$ 来表示；而手部相对于机座坐标系的姿态可用机械接口坐标系的三个坐标轴的方向余弦来表示，如图 3-10 所示。

对于具有 6 个自由度的工业机器人，其手部相对于机座坐标系的位姿矩阵为：

$$\boldsymbol{T}_{06} = \begin{bmatrix} n_x & o_x & a_x & p_x \\ n_y & o_y & a_y & p_y \\ n_z & o_z & a_z & p_z \\ 0 & 0 & 0 & 1 \end{bmatrix} = [\boldsymbol{T}_{01}][\boldsymbol{T}_{12}][\boldsymbol{T}_{23}][\boldsymbol{T}_{34}][\boldsymbol{T}_{45}][\boldsymbol{T}_{56}] \tag{3-13}$$

其中 $\boldsymbol{T}_{01}$ 描述第一个连杆相对于机身的变换矩阵，$\boldsymbol{T}_{12}$ 描述第二个连杆相对于第一个连杆坐标系的变换矩阵。如果已知一点在最末一个坐标系（如 6 坐标系）的坐标，要把它表示成前一个坐标系（5 坐标系）的坐标，那么变换矩阵为 $\boldsymbol{T}_{56}$。因此对于六连杆关节机器人末端执行器坐标系相对于机身的齐次变换矩阵为 $[\boldsymbol{T}_{01}][\boldsymbol{T}_{12}][\boldsymbol{T}_{23}][\boldsymbol{T}_{34}][\boldsymbol{T}_{45}][\boldsymbol{T}_{56}]$。

工业机器人的运动学正解，就是已知工业机器人操作机中各运动副的运动参数和杆件的结构参数，求手部相对于机座坐标系的位置和姿态，对于 6 自由度工业机器人而言就是

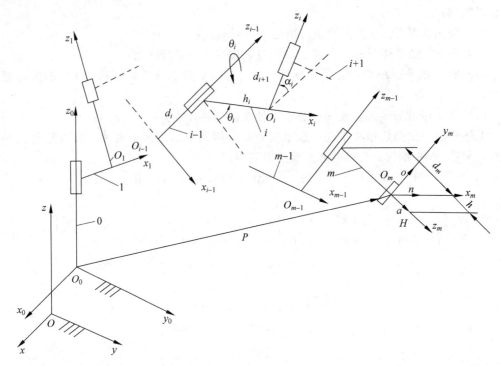

图 3-10　手部的位置与姿态

确定式（3-13）中矩阵各元素的值。

运动学正问题解法较为简单。当给定了一组结构参数和运动参数后，工业机器人运动学方程的正解是唯一的。

[**例 3-6**]　求如图 3-11 所示的极坐标机器人手腕中心 P 点的运动学方程。

[**解**]

（1）建立 D-H 坐标系。

按 D-H 坐标系建立各连杆的坐标系如图 3-11 所示。坐标系 $\{O_0\}$ 设置在基座上，坐标系 $\{O_1\}$ 设置在旋转关节上，坐标系 $\{O_2\}$ 设置在机器人手腕中心 P 点。

（2）确定连杆的 D-H 参数。

（3）求两连杆间的齐次坐标变换阵 T_{02}。

连杆的 D-H 参数见表 3-1。

表 3-1　极坐标机器人连杆的 D-H 参数表

连杆	θ_i	d_i	a_i	α_i
$i=1$	θ_1	h	0	90°
$i=2$	θ_2	0	a_2	0

根据表 3-1 给出的 D-H 参数和公式（3-12）可求得 T_{01} 和 T_{12}，然后根据 $T_{02}=T_{01}T_{12}$，求手腕中心的运动方程。

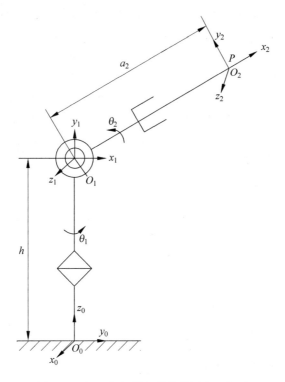

图 3-11 极坐标机器人结构简图和坐标系

二、运动学逆解

根据已给定的满足工作要求时手部相对于机座坐标系的位姿以及杆件的结构参数，求各运动副的运动参数，即所谓求解工业机器人运动学的逆问题。这是工业机器人设计中对其控制的关键。与运动学正问题不同，运动学逆问题一般求解难度较大。求解的方法主要有三种：代数法、几何法和数值法。前两种解法随工业机器人执行机构类型的不同而有差异，后一种解法是人们寻求的一种通用的逆问题的解法，由于计算工作量大，时间长，而难以满足实时控制的要求。

工业机器人操作机运动学逆问题的解一般不是唯一的，存在多解的可能。

习题三

3.1 有一点矢量为 $[10.00 \quad 20.00 \quad 30.00]^T$，相对参考系作如下齐次坐标变换：

$$\boldsymbol{A} = \begin{bmatrix} 0.866 & -0.500 & 0.000 & 11.0 \\ 0.500 & 0.866 & 0.000 & -3.0 \\ 0.000 & 0.000 & 1.000 & 9.0 \\ 0 & 0 & 0 & 1 \end{bmatrix}$$

写出变换后点矢量表达式，并说明是什么性质的变换，写出旋转变换算子 Rot 及平移变换算子 Trans。

3.2 有一旋转变换，先绕固定坐标 z_0 轴转 45°，再绕 x_0 轴转 30°，最后绕 y_0 轴转 60°，试求该齐次变换矩阵。

3.3 坐标系 $\{B\}$ 起初与固定坐标系 $\{O\}$ 相重合，现坐标系 $\{B\}$ 绕 Z_B 旋转 30°，然后绕旋转后的动坐标系的 X_B 轴旋转 45°，试写出该坐标系 $\{B\}$ 的起始矩阵式和最终矩阵式。

3.4 简述工业机器人的运动学正解与运动学逆解。

第四章

工业机器人的操作与编程

第一节　安川机器人的组成

安川机器人由机器人本体、控制装置（含示教盒、控制柜）等部件组成，如图 4-1 所示。机器人本体具有进行作业所需的机械手等末端执行器，以完成搬运、弧焊、装配等作业。机器人控制装置由电源装置、轴控制电路、存储电路、输入/输出电路等构成，用户在进行控制装置的操作时，使用示教盒与操作面板。早期的 XRC 控制柜面板上设有再现操作盒（也称"操作面板"），而 NX100 控制柜面板上取消了操作面板，"模式开关"与"启动按钮"、"保持按钮"等均位于示教操作盒上，示教操作盒又称"示教编程器"、"示教盒"等，本书采用"示教盒"一说。

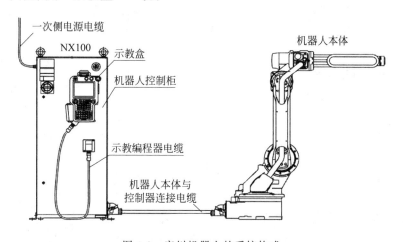

图 4-1　安川机器人的系统构成

一、机器人本体

安川机器人是通过伺服电动机驱动的轴和手腕构成的机构部件，如图 4-2 所示，其中轴 S、L、U 称为基本轴（Basic Axes），S 为机座与机身间的关节轴，类似于人体的腰关节，L、U 分别为下臂与上臂，机身与下臂间类似于人的肩关节，而下臂与上臂之间的构成类似于人的肘关节；轴 R、B、T 为三个手腕轴（Wrist Axes），旋转方向分为正负（或左右、上下）两个不同的方向。

二、机器人控制装置

1. 机器人控制装置基本组成

安川 NX100 机器人控制框如图 4-3 所示，其中有控制模块电路板、电源装置、伺服轴控制板等。主电源开关与门锁位于 NX100 控制柜的前面，急停按钮安装在控制柜的右上角。用户在进行控制装置的操作时，可以使用悬挂控制柜上的示教盒。

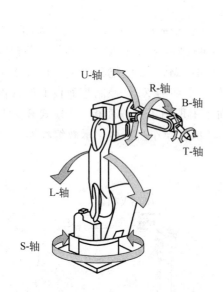

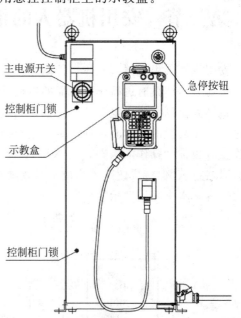

图 4-2　安川机器人本体（六自由度关节型）　　　图 4-3　安川 NX100 机器人控制柜

2. 示教盒

示教盒（图 4-4）由电缆与控制装置相连，传递双向信息。利用示教盒可以实现机器人手动（JOG）进给、程序创建、程序测试、操作执行与状态确认等。

（1）示教盒上的按钮与按键

NX100 控制装置示教盒上有许多按钮与按键，是人机交互不可或缺的重要设备。

① 字符键（Character Keys）

键上印有字符，如回车键［ENTER］、示教锁键［TEACH LOCK］、数字键等。有些数字键有双重功能，如示教编程时数字键［0］与［SHIFT］同时按下可以输入参考点指令［REF PNT］；数字键［1］与［SHIFT］同时按下可以输入定时指令［TIMER］等。

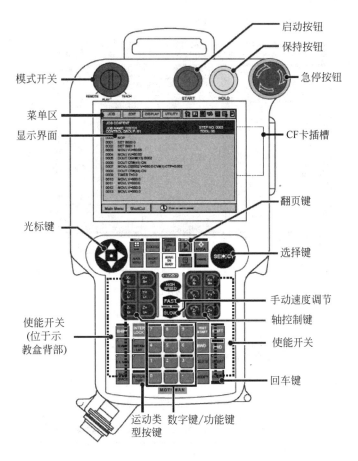

图 4-4 安川机器人（NX100）示教盒

② 符号键（Symbols Keys）

主要有光标键 ⊕ 、急停按钮 ⊙ 、直接打开键（或称属性键） ▦ 、翻页键 ▦ 等。

③ 轴键与数字键（Axis keys & Numeric Keys）

（2）示教盒操作界面

NX100 示教盒操作界面如图 4-5 所示，分为通用显示区、菜单区、人机接口区及主菜单区等区域，可按［AREA］键进行区域切换。

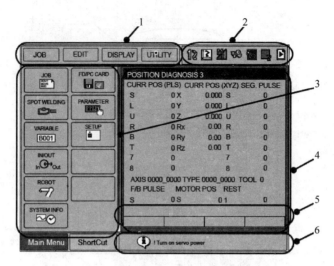

1—菜单区；2—状态显示区；3—主菜单区；4—通用显示区；5—操作按钮；6—人机接口区

图 4-5　NX100 示教盒操作界面

第二节　安川机器人的技术参数

MOTOMAN-HP20 型工业机器人的技术参数见表 4-1。

表 4-1　MOTOMAN-HP20 型工业机器人的技术参数

项目 型号		垂直多关节型
配置		垂直多关节型
自由度数		6
负载能力		20kg
重复定位精度		±0.06mm
最大动作范围	S 轴（回转）	±180°
	L 轴（下臂倾动）	＋155°，－110°
	U 轴（上臂倾动）	＋255°，－165°
	R 轴（手腕横摆）	±200°
	B 轴（手腕俯仰）	＋230°，－50°
	T 轴（手腕回旋）	±360°
最大速度	S 轴	2.96rad/s，170°/s
	L 轴	2.96rad/s，170°/s
	U 轴	3.05rad/s，175°/s
	R 轴	6.20rad/s，355°/s
	B 轴	6.02rad/s，345°/s
	T 轴	9.16rad/s，525°/s

续表

型号 项目		
允许的 力矩	R 轴	39.2N·m（0.9kgf·m）
	B 轴	39.2N·m（0.9kgf·m）
	T 轴	19.6N·m（0.45kgf·m）
允许的转 动惯量	R 轴	0.9kg·m²
	B 轴	0.9kg·m²
	T 轴	0.25kg·m²
	本体质量	280kg
使用 环境 要求	温度	0～45℃
	相对湿度	20%～80%
	振动加速度	不超过 4.9m/s²
	其他	避免接触易燃及腐蚀性气体或液体，不可接 近水、油、粉尘等，远离电气噪声源等
	功率	2.8kVA

第三节　安川机器人的坐标系统

安川机器人有五种坐标系，分别为关节坐标系、直角坐标系、圆柱坐标系、工具坐标系与用户坐标系。坐标系通过按［COORD］键进行切换，切换顺序为关节坐标系 ▨ →直角坐标系 ▨（或圆柱坐标系 ▨）→工具坐标系 ▨ →用户坐标系 ▨。坐标轴手动移动的速度由示教盒上的快速按键 FAST、低速按键 SLOW 控制。每按一次快速按键时，手动控制速度将按"INCH→SLW→MED→FST"顺序递增，直至达到最高速度；每按一次低速按键，手动控制速度将按"FST→MED→SLW→INCH"顺序递减，直至达到最低速度。另外高速移动速度也可通过按下［HIGH SPD］按键获得。

手动操作时，要确保伺服电源接通，否则，机器人的坐标轴是不会运动的，为此要按照以下操作步骤接通伺服电源。

① 检查并释放（或称解除）急停按钮，示教盒与操作面板上的急停按钮均要释放，注意按钮按下时急停有效，按箭头方向转动按钮则为急停解除。

② 将示教盒（或操作面板）上的模式开关（或按钮）切换至"示教"（TEACH）。对于 NX100 型控制器，该开关位于示教盒上，而对于 XRC 控制器，则位于操作面板上。

③ 按下［SERVO ON READY］按钮，对于 NX100 型控制器，该按钮位于示教盒上，而对于 XRC 控制器，该按钮则位于操作面板上。

④ 双手同时按下示教盒背部的伺服电源开关（DEADMAN），操作过程中用力要适度。如果用力压紧此开关，听见"咔"的响声，伺服电源将切断。

伺服电源接通后，示教盒面板上的伺服打开（SERVO ON）指示灯点亮，否则处于闪烁状态（图 4-6）。

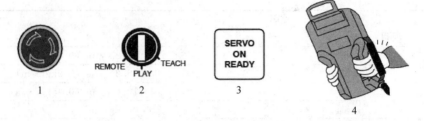

1—急停按钮；2—模式开关；3—伺服打开按钮；4—伺服电源开关（DEADMAN）

图 4-6　接通伺服所用部分开关、按键图

一、关节坐标系（Joint Coordinates）

在关节坐标系下机器人每个轴（S 轴、L 轴、U 轴、R 轴、B 轴、T 轴）都将独立运动。各个轴的动作说明见表 4-2。

表 4-2　关节坐标系下轴的运动

轴　　名		轴操作按键	动 作 说 明
基本轴	S 轴	X- S-　X+ S+	机身左右回转
	L 轴	Y- L-　Y+ L+	下臂前后倾动
	U 轴	Z- U-　Z+ U+	上臂上下倾动
手腕轴	R 轴	X- R-　X+ R+	手腕左右摆动
	B 轴	Y- B-　Y+ B+	手腕上下俯仰
	T 轴	Z- T-　Z+ T+	手腕左右回转

当两个或更多的轴控制键同时按下时，机器人将执行复合运动。但是如果同一个轴的两个不同方向键按下，轴将不会移动。图 4-7 为安川六自由度工业机器人的关节运动原理图。

二、直角坐标系（Rectangular Coordinates）

在直角坐标系下，机器人末端执行器将沿着平行于 X 轴、Y 轴或 Z 轴的方向直线运动，或者手腕绕着 X 轴、Y 轴或 Z 轴转动。具体轴的运动见表 4-3。

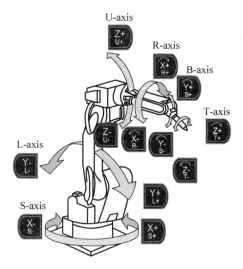

图 4-7　安川机器人关节运动原理图

表 4-3　直角坐标系下轴的运动

轴　　名		轴操作按键	动 作 说 明
基本轴	X 轴	X- / X+	沿平行于 X 轴向移动
	Y 轴	Y- / Y+	沿平行于 Y 轴向移动
	Z 轴	Z- / Z+	沿平行于 Z 轴向移动
手腕轴	R 轴	X- / X+	手腕绕 X 轴旋转，如图 4-8（a）所示
	B 轴	Y- / Y+	手腕绕 Y 轴旋转，如图 4-8（a）所示
	T 轴	Z- / Z+	手腕绕 Z 轴旋转，如图 4-8（a）所示

安川机器人直角坐标系及方向定义如图 4-8 所示。

基本轴的移动说明：在直角坐标系下，按下 X+ 键，机器人将沿着平行于 X 轴正方向移动，反之按下 X- 键，则向 X 轴负向移动，如图 4-8（b）所示。沿 Y 轴、Z 轴的平行移动，分别如图 4-8（b）、图 4-8（c）所示。机器人直角坐标系中 X、Y、Z 坐标轴正方向符合右手笛卡尔坐标系。

手腕轴的移动说明：在直角坐标系下，按下 X+ 键，末端执行器将绕手腕部直角坐标系中的 X 轴转动，如图 4-8（a）所示。围绕 X、Y、Z 直角坐标旋转的旋转坐标方向确定应依据右手螺旋定则，即大拇指的指向为 X、Y、Z 坐标中任意轴的正向，其余四指的旋转方向为旋转坐标的正方向，反之则为负方向。

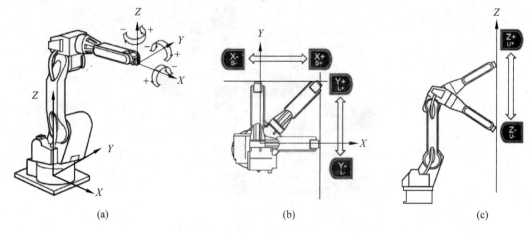

| (a) | (b) | (c) |

图 4-8　安川机器人的直角坐标系

三、工具坐标系

1. 工具坐标系简介

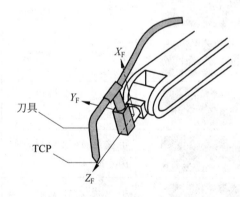

刀具

TCP

图 4-9　机械接口坐标系（$X_F Y_F Z_F$）

工具坐标系是表示工具中心点或称刀尖点（Tool Center Point，TCP）的位置和工具姿态的笛卡尔坐标系。工具坐标系通常以 TCP 为原点，一般将工具安装在手腕端部法兰（Flange）的法线方向设定为 Z 轴的正向。在未定义工具坐标系时，将由机械接口坐标系 $X_F Y_F Z_F$（机械手腕法兰盘坐标系，Flange Coordinates）来代替该坐标系，如图 4-9 所示。

图 4-10 所示工具坐标系是一个固连坐标系，图中工具坐标系原点位于刀尖点，工具坐标系的方位随着手腕的运动而改变。

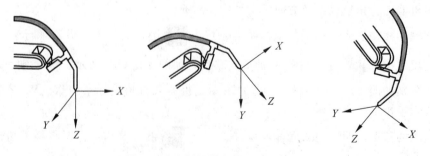

图 4-10　安川机器人的工具坐标系

在工具坐标系中，机器人将按照工具坐标系的方向移动，如图 4-11 所示。工具坐标系可应用于工具（末端执行器）与工件需要保持平行移动的场合。

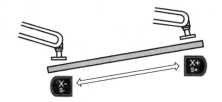

图 4-11　工具坐标系中工具与工件间的平行移动

2. 工具坐标系的设置

工具坐标系的设置也就是工具数据的设置。工具数据由刀尖点的位置和姿态数据两部分构成。刀尖点的位置通过相对于机械接口坐标系的刀尖点的坐标 X、Y、Z 来定义，而工具的姿态则通过机械接口坐标系 $(X_F Y_F Z_F)$ 变换到工具坐标系 $(X_T Y_T Z_T)$ 的旋转角 Rx、Ry 和 Rz 来定义。

（1）工具位置数据的设置

① 切换到主菜单，然后选择〔ROBOT〕。

② 选择〔TOOL〕，出现工具窗口。当工具扩展功能有效时，出现工具列表窗口，如图 4-12（a）所示，当工具扩展功能无效时，出现工具坐标窗口，如图 4-12（b）所示。

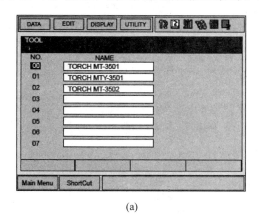
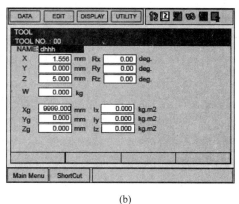

(a)　　　　　　　　　　　　　　　(b)

图 4-12　工具窗口

③ 工具窗口显示后，选中相应的工具号，或单击"翻页键"进行工具号的选择。如果需要在工具列表窗口和坐标窗口间切换，可按以下顺序操作：在菜单区单击〔DISPLAY〕 → 〔LIST〕 或 〔DISPLAY〕 → 〔COORDINATE DATA〕，如图 4-13 所示。

图 4-13　工具列表窗口与工具坐标窗口间的切换

④ 根据工具的具体尺寸，输入工具数据。对于工具 A 与 B，由于刀尖点（TCP）沿 Z 轴方向距离法兰中心均为 260mm，因此输入 Z 坐标为 260，其他数据均为 0，设置如图 4-14（a）所示；对于工具 C，由于刀尖点除了沿 Z 轴偏置 260mm 外，沿 Y 轴也有 145mm 的偏置，因此工具 C 的数据设置如图 4-14（b）所示。输入的工具位置数据实际上是刀尖点在机器人机械接口坐标系中沿 X、Y 与 Z 方向的坐标值。

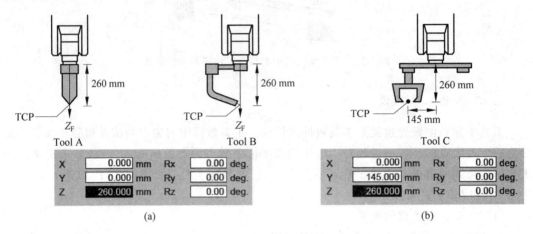

图 4-14 不同工具的数据输入

（2）工具姿态数据的设置

无须考虑坐标系原点的位置坐标的平移变换，工具的姿态数据 Rx、Ry、Rz 源于机械接口坐标系（$X_F Y_F Z_F$）到工具坐标系（$X_T Y_T Z_T$）的旋转变换。对于图 4-15 所示的机械接口坐标系与工具坐标系，其变换过程如下。

① 绕图 4-15（a）所示机械接口坐标系 Z_F 轴旋转 180°，坐标系将变换为 $X'_F Y'_F Z'_F$ [图 4-15（b）]，Rz 值设为 180.00deg。

② 绕图 4-15（b）所示坐标系 Y'_F 轴旋转 90°，坐标系将变换为 $X''_F Y''_F Z'_F$ [图 4-15（c）]，Ry 值设为 90.00。此时发现 $X''_F Y''_F Z''_F$ 坐标系与工具坐标系方位一致，因此 Rx 值设为 0.00。

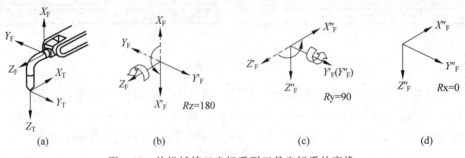

图 4-15 从机械接口坐标系到工具坐标系的变换

3. 工具坐标系下机器人手动控制

在工具坐标系下，执行位置控制时，刀尖点沿着平行于指定工具坐标系 X、Y 或 Z 轴方向移动；执行手腕轴转动控制时，刀尖点绕着指定工具坐标系 X、Y 或 Z 轴转动。

4. 工具的标定

为了使机器人能够执行精确的直线与圆弧等轨迹控制，必须将末端执行器刀尖点正确的位置与姿态信息输入工具文件中，这个过程称为工具的标定。工具标定可以采用示教的方式。

四、用户坐标系

1. 用户坐标系简介

用户坐标系是用户对每个作业空间进行定义的笛卡尔坐标系，安川机器人最多可以定义24 个用户坐标系。在用户坐标系下，机器人将沿着与用户坐标系平行的方向移动，或绕用户坐标系的坐标轴转动，如图 4-16 所示。用户坐标系在尚未设定时，被直角坐标系所替代。

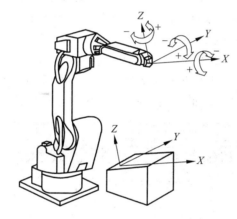

图 4-16　安川机器人用户坐标系

用户坐标系的应用可以简化示教程序的编制，例如，在多个变位机的应用［图 4-17（a）］、物料堆垛［图 4-17（b）］与物料输送［图 4-17（c）］等场合，如图 4-17 所示。

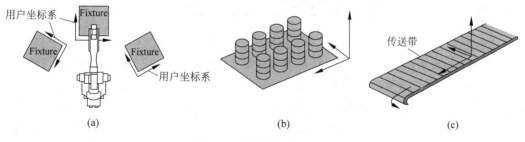

(a)　　　　　　　　　　　(b)　　　　　　　　　　　(c)

图 4-17　用户坐标系的应用

2. 用户坐标系的设置

（1）用户坐标系建立的原理

不在同一条直线上的三点可以确定唯一平面。根据这个道理，采用三点法来定义用户坐标系，如图 4-18 所示。定义的三个点分别为 ORG、XX 和 XY，其中 ORG 为用户坐标系原点，XX 为 X 轴上的一点，XY 为 Y 轴正侧的一点，这三个点的数据保存在一个用户坐标文件里。由点 ORG 与 XX 可以确定坐标原点与 X 轴正方向，再根据 XY 点确定 Y 轴，然后根据 X、Y 轴应用右手直角笛卡尔坐标系确定 Z 轴。

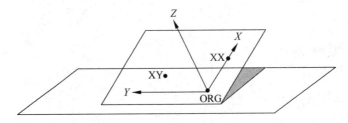

图 4-18　三点法定义用户坐标系

（2）用户坐标系的设置操作

在用户坐标系设置前，首先要指定用户的坐标系编号，然后应用轴键依次移动机器人至 ORG、XX、XY 三点，并记录点的位置，具体操作步骤如下。

① 切换到主菜单，然后选择 ｛ROBOT｝。

② 选择 ｛USER COORDINATE｝，出现用户坐标列表窗口，如图 4-19 所示。NO 下面的数字是用户坐标系编号，SET 下面的●表明用户坐标系设置已经完成，○表示用户坐标系设置尚未完成。NAME 下面编辑框的内容为用户坐标系名称。

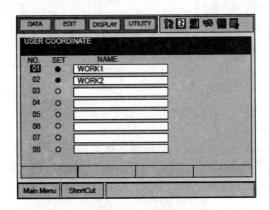

图 4-19　用户坐标系列表窗口

③ 为了检查用户坐标的位置，在菜单区选择 ｛DISPLAY｝ → ｛COORDINATE DATA｝，出现图 4-20（a）所示窗口。

④ 在用户坐标窗口内选择将要设置的用户坐标系编号，出现图 4-20（b）所示窗口。

⑤ 选择图 4-20（b）所示窗口上的 SET POS，出现图 4-21（a）所示的对话框，选择示教点（ORG、XX 或 XY）。未示教点前的状态（STATUS）显示为○。

⑥ 将机器人移动到指定的示教点位置，依次按下 ［MODIFY］ 与 ［ENTER］ 键。示教完成时，所有点前面的状态显示为●，如图 4-21（b）所示。

⑦ 示教完成后，用 ［FWD］ 按键检查示教点的位置。如果当前位置与显示位置存在偏差，示教点（ORG、XX、XY）将闪烁。

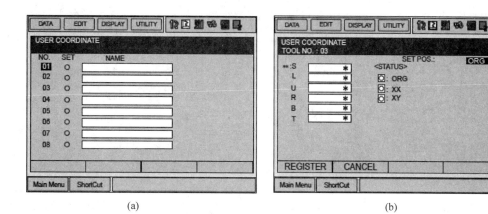

图 4-20 用户坐标系界面窗口

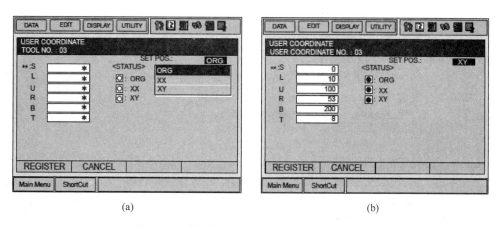

图 4-21 示教点（ORG、XX、XY）窗口界面

（3）用户坐标数据的清除

清除用户坐标数据的具体操作步骤如下。

① 单击菜单区〔DATA〕。

② 选择〔CLEAR DATA〕，出现确认对话框后，选择"YES"，指定的用户坐标数据将被清除。

第四节 安川机器人的系统设置

一、原点位置的标定（Home Position Calibration）

1. 机器人的原点位置

机器人原点位置是所有关节轴脉冲数为 0 的位置，图 4-22 为安川 HP6 工业机器人的原点位置图，其中下臂（L轴）中心与地面垂直，上臂（U轴）中心与水平面平行。B轴与U轴中心线夹角为0°。与HP6机器人相比，UP6的原点位置略有不同，除了B轴与U轴中心线夹角为-90°外，其余位置均相同。

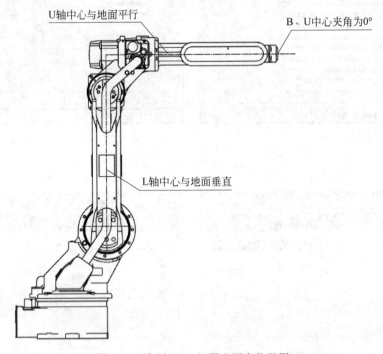

图 4-22　安川 HP6 机器人原点位置图

2. 原点位置标定的情形

安川机器人原点位置标定是使机器人各轴轴角度与连接在各轴电机上的绝对值脉冲编码器计数值对应起来的操作，原点位置的标定也就是求取零位中的脉冲计数值的操作。机器人出厂前原点位置已经设置好，所以正常情况无须重新标定。但出现下列情形之一时要求执行这一操作，否则无法正常进行机器人的示教编程与回放操作。

（1）一般机器人本体与机器人控制器是一个固定的组合，当组合改变时，需要重新进行原点位置标定。

（2）机器人的位置与姿态是通过各个关节轴的绝对脉冲编码器的脉冲计数值来确定的，而脉冲计数值数据则由机器人机构部后备电池进行保持。电池用尽时将会导致数据丢失，此时需要重新进行原点位置标定。

（3）在更换了轴电机或电机轴端的绝对值位置编码器时，要重新进行原点位置标定。

（4）当更换电路控制板（例如，NX100电路控制板 NCP01，XRC控制器的电路控制板 XCP01）或清除内存数据时，需要执行原点位置标定。

（5）机器人本体与工件碰撞而造成原点位置的偏移时，也要进行原点位置标定。

3. 原点位置标定的操作

原点位置标定先利用轴控制键将机器人关节轴移动至原点位置（Home Position），再执行标定操作。当机器人本体与机器人控制器组合改变时，需执行所有轴标定；当更换电机或绝对脉冲编码器时需执行单轴标定。在已知机器人原点位置数据和机器人已处于原点位置状态时，可以直接输入原点位置数据。下面是在未知原点位置数据的情形执行所有轴原点位置标定的操作步骤。

①　在主菜单下选择〔ROBOT〕。

②　选择〔HOME POSITION〕，出现原点位置标定窗口，如图 4-23 所示。

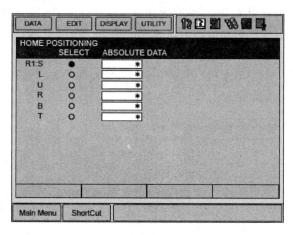

图 4-23　原点位置标定窗口

③　在菜单区选择〔EDIT〕，出现下拉菜单〔SELECT ALL AXIS〕，选择并确定（Yes）后，所有轴的当前位置数据被记录为机器人原点位置数据。

单个轴的原点位置数据标定步骤①、②与所有轴原点位置标定相同，第 3 步时，直接选中需要标定的关节轴，例如，图 4-23 中 SELECT 下的 S 轴，出现确认对话框〔图 4-24（b）〕后选择"Yes"即可执行指定轴的位置标定。

(a)　　　　　　　　　　　　　　　　　(b)

图 4-24　标定选择与确认界面

二、第二原点位置的设置

1. 第二原点设置的目的

机器人接通电源时，如果绝对脉冲编码器的位置数据与上次关断电源时的数据不同，将会出现"绝对数据允许范围异常"报警（4107）信息。绝对脉冲编码器（PG）故障或机器人断电后的位置移动等是产生上述故障与报警的原因。如果是由于 PG 系统发生异常引起的报警，当启动再现操作时，机器人可能会失速。为了安全起见，在机器人出现以上报警后，再现与试运行操作前必须进行位置确认操作。

报警出现后操作流程如图 4-25 所示，发生报警后的处置如下。

（1）位置检查

绝对数据允许范围异常报警发生后，利用轴操作键，将机器人移动到第二原点位置，进行位置确认操作，如不进行位置确认的操作，就不能进行再现、试运行及前进等操作。

（2）脉冲差别检查

第二原点位置的脉冲值和当前位置的脉冲值相比较，如脉冲差在允许范围内，便可以进行再现操作，如超过允许范围，则再次报警。允许范围脉冲是电机转一周的脉冲数（PPR 数据），第二原点位置的初始值可以是原点位置，也可以不同。

（3）报警发生

再次发生报警时，可以认为 PG 系统异常，再做相应检查。处理完异常后，恢复到轴的原点位置，再次进行位置确认。

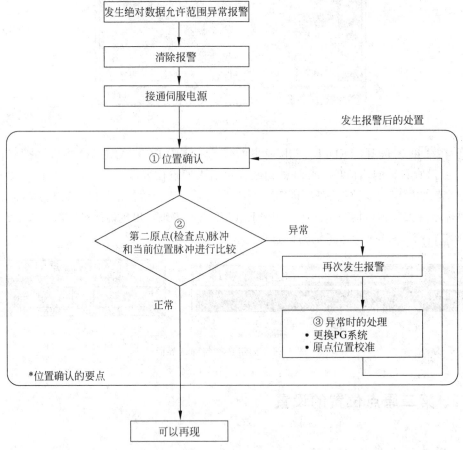

图 4-25　排除 4107 报警的操作流程

2. 第二原点设置的步骤

第二原点是作为绝对数据的检查点而设置的。设置第二原点操作流程如下。

① 选择主菜单里的〔ROBOT〕。

② 选择〔SECOND HOME POS〕，出现第二原点位置窗口（图 4-26）。

③ 按轴操作键，将机器人移动到新的第二原点。

④ 按［MODIFY］、［ENTER］键，第二原点位置被修改。

图 4-26　第二原点设置窗口

三、工作原点设置

1. 工作原点定义

工作原点是机器人的参考点，设置工作原点可以防止机器人与周边设备干涉。通过示教盒或外部输入信号，机器人工具中心点（TCP）可被移至工作原点。当机器人位于操作原点附近时，输出工作原点位置信号。

2. 工作原点设置

① 在主菜单下选择｛ROBOT｝。

② 选择｛WORK HOME POSITION｝，出现工作原点位置窗口，如图 4-27 所示。翻页键用于不止一个机器人时的切换操作。

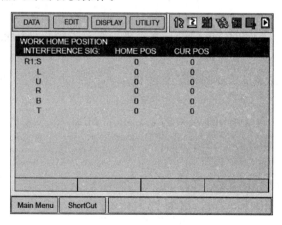

图 4-27　工作原点位置窗口

③ 设置或修改工作原点位置，应先将机器人移至工作原点位置，然后依次按 [MODIFY] 和 [ENTER] 键。

"示教"模式下返回工作原点，应先切换到"工作原点位置"画面，然后再按 [FWD] 键；"再现"模式下返回工作原点与"示教"模式下的操作相同，不同之处在于返回的速度由参数决定。

四、干涉区设置

1. 干涉区设置的目的

机器人干涉区设置的目的是防止多台机器人及机器人与周边装置间的干涉。

当干涉区 1 进入禁止信号接通（ON），机器人工具中心点（TCP）若试图进入干涉区 1 时，机器人将减速至停止。干涉区 1 进入禁止信号关断（OFF）后，机器人将自动重启。干涉区 1 进入禁止信号一般来自机器人周边设备，例如，数控机床的自动门关闭信号，若机床门关信号有效时，并且将机床门附近区域定义为干涉区 1，则机器人运行到干涉区 1 时将自动减速并停止，当机床门打开时，此时机床门关信号断开，机器人又将继续运行。另外机器人刀具中心点进入干涉区 1 时，位于干涉区 1 内的信号（IN CUBE 1）接通（ON），该信号可作为单元内其他机器人的干涉区 1 进入禁止信号。利用这一功能可以实现多台机器人的连锁作业。

安川机器人（NX100）干涉区 1 与干涉区 2 的进入禁止逻辑编号（输入信号）为 20020、20021，位于干涉区 1、干涉区 2 内逻辑编号（输出信号）分别为 30020、30021。干涉区外部输入/输出接线与通用 I/O 的接线方法相同（图 4-28）。

安川机器人（NX100 控制器）最多可设 32 个干涉区，分为"方形干涉区"[图 4-28（a）] 与"轴形干涉区"[图 4-28（b）] 两种。

2. 方形干涉区的设置

（1）设置方形干涉区时，可将它的边平行于基座坐标系（或用户坐标系），具体有三种方法。

方法一：直接输入方形干涉区相对于基座坐标系（或用户坐标系）的最大坐标与最小坐标位置（图 4-29）。

方法二：通过示教盒上的轴控制键将机器人（TCP）移至最大值与最小值位置（图 4-30），并记录。

方法三：输入方形干涉区的三条边长，并将机器人（TCP）移动至干涉区中心（图 4-31）位置并记录。

（2）方形干涉区设置步骤

① 在主菜单下选择 {ROBOT}。

② 选择 {INTERFERENCE}，出现干涉区设置窗口，如图 4-32 所示。

操作提示：

单击"翻页键"可切换设置的干涉区号；方法（METHOD）项按 [SELECT] 键后

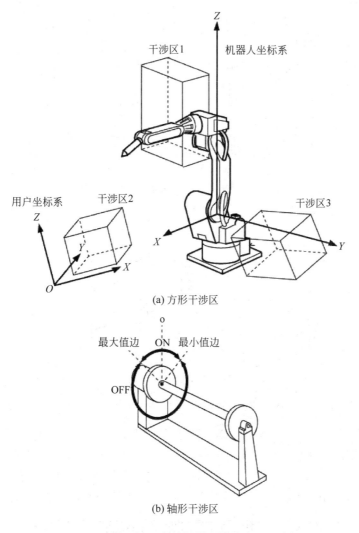

(a) 方形干涉区

(b) 轴形干涉区

图 4-28 安川机器人的干涉区

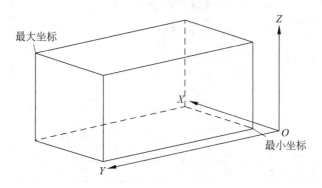

图 4-29 方形干涉区设置（方法一）

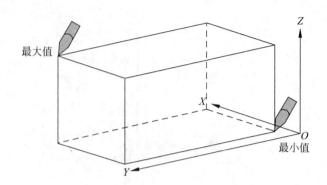

图 4-30　方形干涉区设置（方法二）

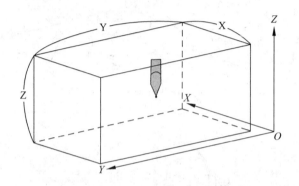

图 4-31　方形干涉区设置（方法三）

可以进行"轴形干涉区"（AXIS INTERFERENCE）与"方形干涉区"（CUBIC INTERFERENCE）的切换；控制组（CONTROL GROUP）一般选"R1：ROBOT1"；测量检查（CHECK MEASURE）项按［SELECT］键后可进行"命令位置"（COMMAND POSITION）与"反馈位置"（FEEDBACK POSITION）切换。

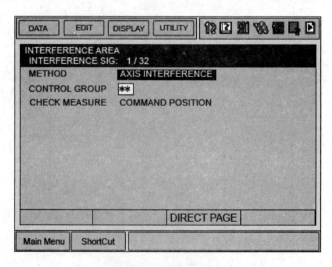

图 4-32　干涉区设置窗口

③ 图 4-32 所示控制组选项确定后，显示画面中将增加参考坐标系（REF COORDINATE）、示教方法（TEACHING METHOD）选项，如图 4-33 所示。

操作提示：

参考坐标系有三个选项：基座坐标系（BASE）、机器人坐标系（ROBOT）、用户坐标系（USER），一般选择基座坐标系，如果选择"用户坐标系"，需要输入用户坐标系编号。示教方法（TEACHING METHOD）有两种：最大/最小值法（MAX/MIN）与中心点法（CENTER POS），按［SELECT］键切换。

图 4-33 显示"最大/最小值"法，按"方法一"可直接输入干涉区两个角点的坐标；按"方法二"可采用示教的方法，在图示画面下，按［MODIFY］键后出现"移动到最大/最小值点进行示教"的提示时，将光标移至<MAX>或<MIN>，接着利用轴控制键将机器人刀具中心点 TCP 移至最大值（或最小值）点，最后按［ENTER］键接受示教位置。

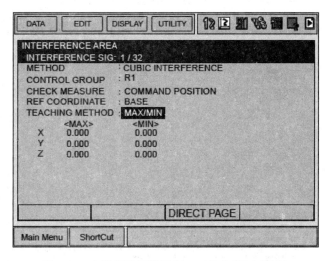

图 4-33　方形干涉区设置窗口（最大/最小值法）

图 4-34 显示"中心点"法，干涉区三条边的长度直接输入 LENGTH 栏，中心点位置采用示教方法。中心点位置的示教过程：在图示画面下，按［MODIFY］键后出现"移动到中心点进行示教"提示时，可将光标移至<MAX>或<MIN>，接着利用轴控制键将机器人刀具中心点 TCP 移至最大值（或最小值）点，最后按［ENTER］键接受示教位置。

3. 轴形干涉区设置

轴形干涉区的设置是为了判断机器人各个轴的当前位置是否位于最大值边与最小值边所确定的工作区域内［图 4-28（b）］。一旦机器人轴位于设定区域内输出信号将接通，否则信号将断开。有两种关节轴数据设置方法：直接数据输入与轴移动示教法。

轴形干涉区与方形干涉区的设置步骤基本相同，以示教设置法为例，出现图 4-35（a）所示界面后按［MODIFY］键；然后将光标移至<MAX>或<MIN>，来设置最大值或最小值；接着通过轴键移动轴至适当位置；最后按［ENTER］键登录干涉区数据。轴形干涉区最大值数据设定完成后如图 4-35（b）所示。

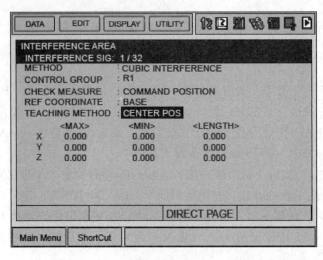

图 4-34　方形干涉区设置窗口（中心点法）

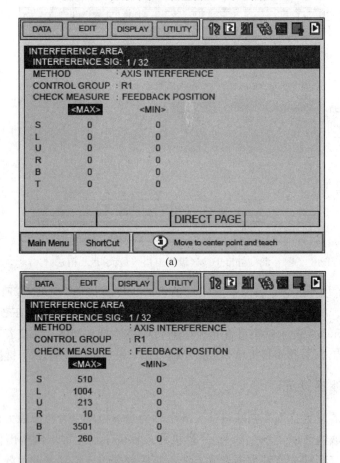

图 4-35　轴形干涉区设置

4. 清除干涉区数据

① 进入干涉区设置界面后用翻页键定位到指定的干涉区。
② 选择菜单项｛DATA｝，接着单击｛CLEAR DATA｝子菜单项并确认。

五、工业机器人高级运动（ARM）控制

1. ARM控制的目的

工业机器人高级运动控制（ARM）功能的应用可以改善机器人运动路径精度、缩短循环时间。ARM控制时，将根据计算得到的各轴惯性矩与重力矩用于机器人运动控制。在运动控制前必须设置机器人安装条件和工具负载信息。机器人安装条件包括相对于地面的安装角以及安装在机器人上各部分负载的重量与重心位置。工具负载信息包括工具重量、重心位置以及安装在法兰上的工具重心处的惯性矩等。

2. 机器人安装条件设置

（1）机器人安装角

机器人安装角是指机器人坐标系中 X 轴相对于地面绕 Y 轴转过的角度（图4-36）。为了计算作用于机器人每个轴上的重力矩，应将机器人本体相对于地面的安装角设置在"ANGLE REL. TO GROUND"项。

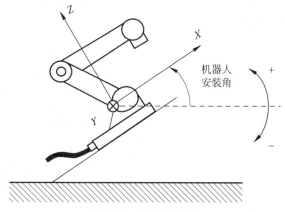

图4-36 机器人安装角

机器人四种典型的安装角设置，如图4-37所示。

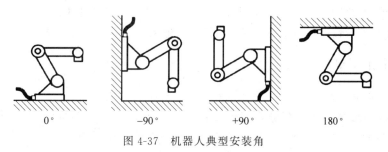

图4-37 机器人典型安装角

（2）S 轴负载

S 轴负载有两个项需要设置：外部负载（例如变压器）的重量（WEIGHT，单位为 kg）与重心位置（相对于 S 轴中心的 X、Y 坐标，单位为 mm），如无外部负载时这两项参数可以不设置。注意上述参数只要粗略设置，重量可以设得大些；重心位置有正负区分，如图 4-38 所示。

（3）U 臂负载

与"S 轴负载"设置类似，"U 臂负载"也有两个项需要设置：负载重量（单位为 kg）与重心位置（相对于 U 轴中心的 X 值与 HEIGHT 值，单位为 mm），如图 4-39 所示。

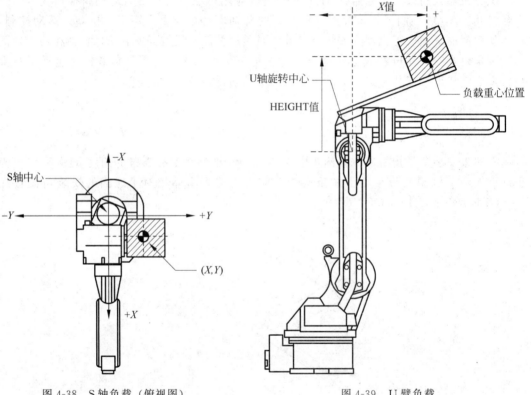

图 4-38　S 轴负载（俯视图）　　　　　图 4-39　U 臂负载

（4）机器人安装条件设置操作

机器人安装条件设置操作步骤如下。

① 在主菜单下选择 ｛ROBOT｝。

② 选择 ｛ARM CONTROL｝，出现 ARM 控制设置窗口，如图 4-40 所示。

③ 设置上述参数项，按 ［ENTER］键确认输入的值。

3. 工具负载信息设置

（1）工具负载信息简介

工具负载信息是指安装在机器人法兰上的工具重量、重心位置以及工具重心处的惯性矩，如图 4-41 所示。图中 $X_F Y_F Z_F$ 为机器人法兰坐标系，三个坐标轴方向定义如下：

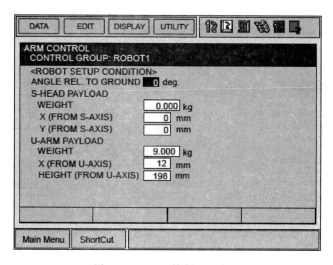

图 4-40　ARM 控制设置窗口

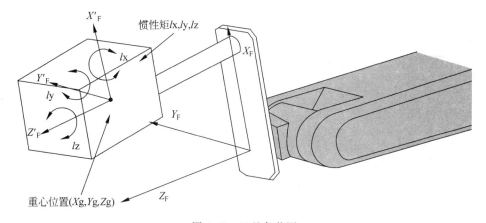

图 4-41　工具负载图

① 当法兰盘面面向前方且腕部 T 轴处于零脉冲位置时，由法兰盘中心向上为 X_F 轴正方向；

② Z_F 轴垂直法兰表面；

③ 根据 X_F、Z_F 轴应用右手笛卡尔坐标系确定 Y_F 轴方向。

（2）工具负载信息的计算

参数 1 "工具重量" 应设为整个工具的重量，单位为 kg；参数 2 "工具重心位置" 是指法兰坐标系中的重心坐标（X_g、Y_g、Z_g），单位为 mm；参数 3 "工具中心处的惯性矩"，根据原点在工具重心，三个坐标轴 $X_F' Y_F' Z_F'$ 由工具坐标系（$X_F Y_F Z_F$）平移得到，由此计算得到工具重心惯性矩，单位为 $kg \cdot m^2$。

（3）工具负载信息的设置操作

工具负载信息设置的操作步骤如下。

① 在主菜单下选择 {ROBOT}。

② 选择 {TOOL}，只有当文件扩展功能有效时，才显示工具列表窗口 ［图 4-42（a）］，按翻页键可以进行工具号切换；文件扩展功能无效时显示坐标窗口 ［图 4-42（b）］。工具列表

窗口与坐标窗口可通过 {DISPLAY} → {LIST} 或 {DISPLAY} → {COORDINATE DATA} 进行切换操作。

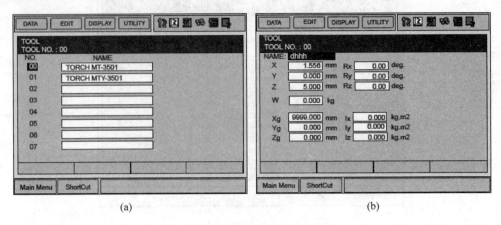

(a)   (b)

图 4-42　工具负载信息的设置窗口

③ 输入数值后按［ENTER］键，数据将被记录。

六、其他常用项设置

1. 用户权限设置

（1）安全模式（Security Mode）简介

安川机器人分为三种安全模式：操作模式（Operation Mode）、编辑模式（Edit Mode）与管理模式（Management Mode），管理模式的权限最高，操作模式的权限最低。若要从低权限模式切换至高权限模式，例如，由操作模式切换至编辑模式或管理模式时，需要输入用户 ID，也就是用户密码。用户密码一般由 4～8 字符、数字以及记号组合而成。

三种模式及操作权限说明详见表 4-4。

表 4-4　安川机器人安全模式及权限说明

安全模式	权 限 说 明
操作模式	允许用户对机器人进行基本的启停操作控制等
编辑模式	允许用户对机器人进行作业示教与程序编辑、设置等
安全模式	允许管理机器人系统，包括对参数、系统时间等设置

（2）安全模式的设置操作

安全模式的设置操作步骤如下。

① 在主菜单下选择 {SYSTEM INFO}，然后选择 {安全}（SECURITY）子菜单，出现图 4-43 所示安全模式（SECURITY MODE）画面。

② 在模式右侧的编辑框按［SELECT］键出现模式选择项：OPERATION MODE，EDIT MODE 以及 MANAGEMENT MODE（图 4-44）。EDIT MODE 与 MANAGEMENT

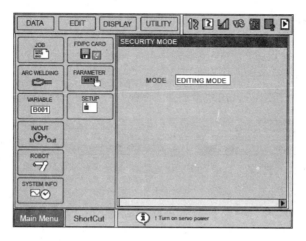

图 4-43 安全模式设置画面

MODE 需要输入权限密码，如图 4-45 所示。出厂时，编辑模式密码为 00000000；管理模式的密码为 99999999。

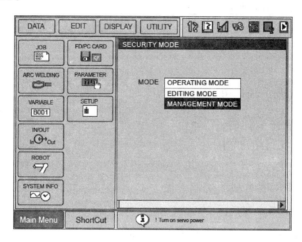

图 4-44 模式选择界面

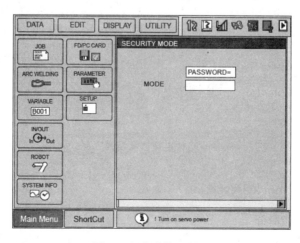

图 4-45 密码输入界面

2. 控制器时钟（Controller Clock）设置

NX100 控制器时钟设置的操作步骤如下。

① 在主菜单下选择 {SETUP}。

② 选择 {DATE/TIME}，出现"日期/时钟"设置窗口（图 4-46）。

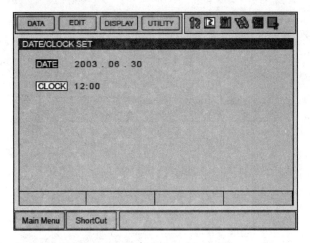

图 4-46　日期/时钟设置窗口

3. 再现速度（Play Speed）设置

再现速度设置的操作步骤如下。

① 在主菜单下选择 {SETUP}。

② 选择 {SET SPEED}，出现"再现速度设置"窗口（图 4-47）。选择"JOINT"或"LNR/CIR"可以实现速度类型的切换，图 4-47（a）为"关节（JOINT）"型，再现速度是关节最高转速的百分比；而图 4-47（b）为"直线/圆弧（LNR/CIR）型"，再现速度单位是 mm/s。

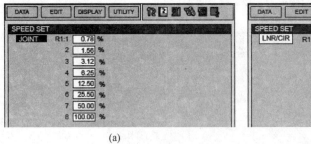 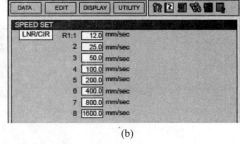

(a)　　　　　　　　　　　　　　　(b)

图 4-47　"再现速度设置"窗口

4. 振动检测（Shock Detection）设置

（1）振动检测功能简介

在没有其他外部传感器的情况下，当工业机器人或末端执行器与外围设备发生碰撞时能立即停止，这一功能称为振动检测功能。该功能在机器人"示教"或"再现"模式下均有效。如果机器人或末端执行器未与周边设备发生碰撞，在额定负载下即使以最大速度运动也不会出现因检测错误而停机。

（2）振动检测级别文件设置的方法

振动检测等级设置文件有 9 个，1～7 号状态文件用于再现模式下在特定区域检测等级发生改变时，8 号状态是再现模式下的标准文件，9 号状态则用于示教模式。振动检测级别文件设置步骤如下。

① 在主菜单下选择〔ROBOT〕。

② 选择〔SHOCK SENS LEVEL〕，出现"振动检测等级设置"窗口（图 4-48）。选择期望的状态号与项目进行设置。其中"1 检测模式"分为 PLAY（再现）与 TEACH（示教）两种模式；"2 状态号"也就是状态文件的编号，取值范围为 1～9；"3 功能有效性选择"有两个选项——VALID（有效）与 INVALID（无效）；"4 最大干扰力"可通过选择菜单〔DATA〕→〔CLEAR MAX VALUE〕进行清除；"5 检测级"的取值范围为 1～500。

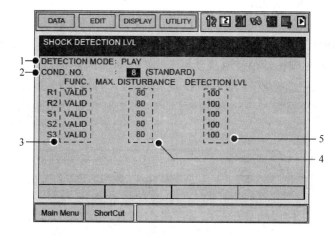

1—检测模式；2—状态号；3—功能有效性选择；4—最大干扰力；5—检测级

图 4-48　振动检测等级设置窗口

5. 限位释放（All Limits Releasing）设置

安川机器人常见的限位包括机械限位、L 轴与 U 轴的干涉区限位、关节轴软限位、用户设置的方形干涉区限位等。要释放上述限制，需要在管理权限下操作机器人，步骤如下。

① 在主菜单下选择〔ROBOT〕。

② 选择〔LIMIT RELEASE〕，出现"限制释放"窗口（图 4-49）。可以设置"SOFT LIMIT RELEASE"（软限位释放）和"ALL LIMITS RELEASE"（所有限制释放）。

6. 超程/传感信号释放

当机器人运动过程中出现超程或者检测到振动信号时将停止运行并发出报警信息。若要恢复正常运行，应按照以下操作步骤释放超程与传感信号。

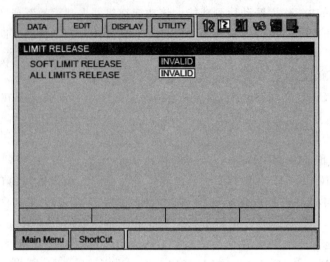

图 4-49　"限制释放"窗口

① 在主菜单下选择｛ROBOT｝。

② 选择｛OVERRUN & S-SENSOR｝，出现"超程/传感信号"窗口（图 4-50）。"SHOCK SENSOR STOP COMMAND"有两种选择："急停"（E-STOP）与"保持"（HOLD），也就是检测到振动信号时机器人选择的两种不同停止方式。

③ 当机器人出现超程或者检测到振动信号时，将在下方显示"●"，此时按下"RELEASE"可以释放超程与振动传感信号；按"ALM RST"复位报警，机器人可以重新移动。

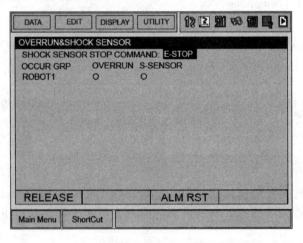

图 4-50　"超程/传感信号"释放操作窗口

7. 参数设置

（1）参数设置简介

安川机器人系统参数可分为运动速度设置参数、模式操作设置参数、干涉区域参数、数据通信类参数等。例如，S1CxG001 参数表示空运行速度（x 为轴组编号，对于 R1 机器人，x取1），可用于示教程序的运行检查。为了安全操作考虑，其值通常设置得比再现运行的速度低得多。S1CxG056参数值为工作原点返回速度等。以上速度参数都是相对于最高速度的百分比，单位为0.01%。

（2）参数设置操作

只有具有管理权限（MANAGEMENT MODE）的用户才能修改机器人系统参数，具体操作步骤如下。

① 在主菜单下选择｛PARAMETER｝，出现参数设置窗口（图4-51）。

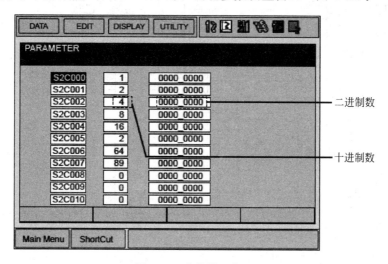

图4-51　参数设置窗口

② 如果待修改的参数号不在当前窗口中，将光标移至参数号后按［SELECT］键，用数字键输入待改的参数号，然后按［ENTER］键，光标将移至所选参数号。

③ 选择参数类型：二进制数或十进制数，输入数据后按［ENTER］键确认修改。

第五节　输入/输出状态的控制与显示

安川机器人数字输入/输出分为两种类型：通用输入/输出（Universal Input/Output）和专用输入/输出（Specific Input/Output）。通用输入/输出主要在程序中使用，可以用做机器人和外部设备的定时信号，输入/输出信号分配随其用途不同而有所不同。专用输入/输出是一个预先决定了用途的信号。当外部操作设备如系统固定夹具控制柜和集中控制柜将机器人和相应的设备作为一个系统来控制时，要使用专用输入/输出。

一、通用输入/输出信号

1. 通用输入/输出信号接线

安川机器人数字输入/输出用的插座有4个（CN07～CN10），输入/输出共有80个点

（40 个输入点、40 输出点）。其中输出接口分为晶体管型与继电器型两种，图 4-52 为 CN10 插座输入接线图，图 4-53 为 CN10 插座输出接口接线图（晶体管型）。机器人内部可提供直流 24V 电源（图 4-53），如果采用外部供电，需要去除 CN12-1 与 3 以及 CN12-2 与 4 之间的短接线。

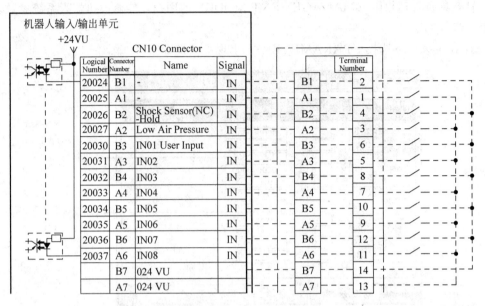

图 4-52　安川机器人通用输入接线

2. 通用输入/输出信号查阅与修改

① 在主菜单下选择〔IN/OUT〕，选择〔UNIVERSAL INPUT〕出现通用输入窗口 [图 4-54（a）]，若要切换到简易通用输入窗口，可按菜单区〔DISPLAY〕项，然后选中下拉菜单项〔SIMPLE〕；选择〔UNIVERSAL OUTPUT〕则出现通用输出窗口 [图 4-54（b）]，若要切换到简易通用输出窗口，也可单击菜单区〔DISPLAY〕项，然后选中下拉菜单项〔SIMPLE〕。

② 通用输入信号只能查阅，不能修改；通用输出信号既可以查阅，也可以修改。查阅不在当前窗口界面信号有两种方法。方法一：将光标移至当前界面某一信号，按 [SELECT] 键，然后输入待查阅的信号，按 [ENTER] 键开始查阅；方法二：单击〔EDIT〕菜单后出现下拉菜单〔SEARCH SIGNAL NO.〕（图 4-55），输入待查阅的信号，按 [ENTER] 键开始查阅。

③ 修改输出信号值的具体方法：首先选中待修改的信号，同时按 [INTER LOCK] 和 [SELECT] 键，可以实现输出信号的 ON/OFF 切换，信号后面显示●为 ON，显示〇为 OFF [图 4-54（b）]。

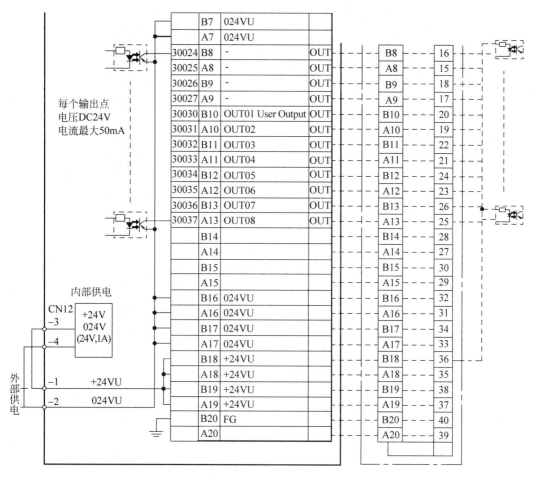

图 4-53　安川机器人通用输出接线

二、专用输入/输出信号

1. 专用输入/输出信号查阅方法

专用输入/输出信号查阅方法与通用输入/输出信号查阅方法类似，须先在主菜单下单击｛IN/OUT｝，所不同的是查阅输入信号选择｛SPECIFIED INPUT｝，查阅输出信号选择｛SPECIFIED OUTPUT｝。

2. 启停专用输入/输出信号控制时序

有关启动、停止的专用输入/输出信号有：伺服电源接通、外部伺服电源接通、外部启动、运转中、外部暂停、外部急停等。控制时序如图 4-56 所示。

信号　继电器号　　状态　　　信号名

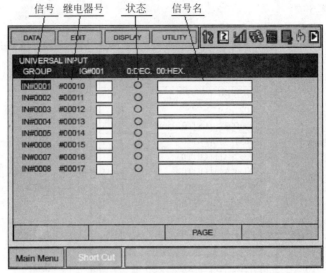

(a) 通用输入

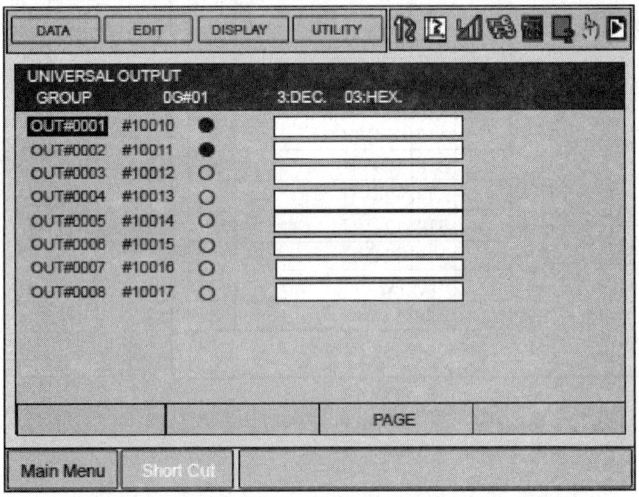

(b) 通用输出

图 4-54　通用输入/输出窗口

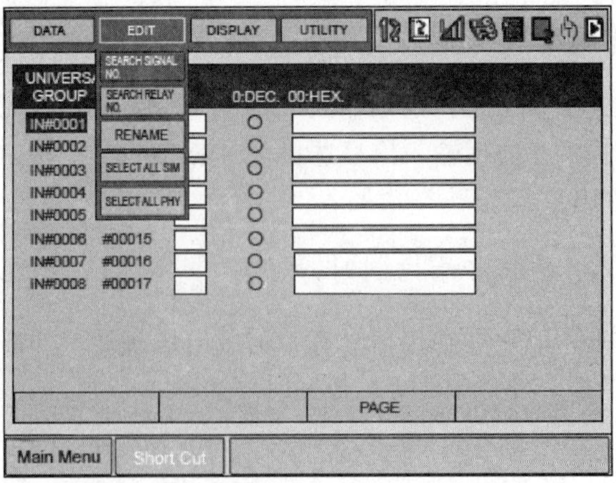

图 4-55　利用编辑（EDIT）菜单查阅信号

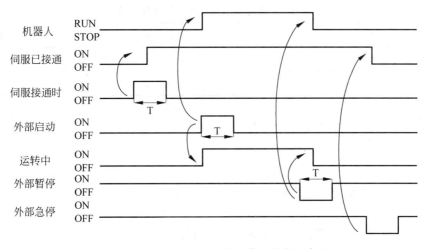

图 4-56 启停专用输入/输出信号控制时序图

第六节 安川机器人在线示教编程

一般工业机器人采用示教再现式的操作方式，即由操作人员引导机器人，记录示教全过程，机器人根据需要重复上述动作。但是在实际操作中，并不能将空间轨迹上的所有点都示教一遍。因为这样既烦琐，又浪费了计算机很多内存。实际上对于有规律的轨迹，仅示教几个特征点，例如：直线轨迹需要示教两个点，圆弧轨迹需要示教三个点等。机器人再现操作时，根据示教特征点的位置和姿态数据以及运动轨迹要求，利用插补算法实时获得示教轨迹中间点的坐标，再通过机器人逆运动求解算法，把轨迹中间点的位置数据转变为对应的关节角，最后采用角位置闭环控制系统去实现要求的轨迹运动。

安川机器人的示教通过示教盒来完成相应的操作与编程。

一、INFORM 编程语言简介

安川机器人示教编程的语言为 INFORM Ⅲ。INFORM Ⅲ 由指令和附加项（标记符、数据）组成。在"MOVJ VJ＝50.00"程序中，MOVJ 为移动类指令，后面两项为附加项，可设定速度和时间等。设定条件时，可根据需要附加数字和文字。

机器人基本指令包括：输入/输出指令、控制转移指令、运算指令、移动指令等。

1. 输入/输出指令

（1）DOUT 指令

DOUT 指令可使通用输出信号开/关。输出信号 OT♯（XX）表示 XX 输出点，OGH♯（XX）表示 4 个输出点，OG♯（XX）表示 XX 组 8 个输出点；它们之间的关系见表 4-5。由此可见：OG♯（1）为 OGH♯（1）与 OGH♯（2）的组合；而 OGH♯（1）是指 OT♯（1）～OT♯（4）四点组合，OGH♯（2）则是 OT♯（5）～OT♯（8）四点组合。

表 4-5　通用输出点与输出组信号关系

OT＃（8）	OT＃（7）	OT＃（6）	OT＃（5）	OT＃（4）	OT＃（3）	OT＃（2）	OT＃（1）
OGH＃（2）				OGH＃（1）			
OG＃（1）							

编程举例：

SET　B0　24
DOUT　OG＃(3)　B0

程序执行的结果是通用输出的 20、21 号口为开。

（2）DIN 指令

使用 DIN 指令可把信号的状态读入字节型变量。

例如：DIN　B016　IN＃（12），把通用输入 12 号口的状态读入 B016 变量。

（3）WAIT 指令

WAIT 是待机指令，直到外部信号或字节变量的状态与指定的状态一致时才结束等待。编程时若指定附加时间项，即使状态不一致，指定的时间一到也将执行下一程序段。

编程举例：

SET　B0 5
WAIT　IN＃(B0)＝1　T＝3.0

在 3 秒内等待通用输入 5 号口信号，若接通将立即执行下一行程序。即使信号不接通，3 秒后也将执行下一行程序。

（4）PULSE 指令

功能：给通用输出口输出指定时间的脉冲信号。

例如：PULSE OT＃（1）T＝1.0。含义：给通用输出 1 号口输出持续 1 秒的脉冲信号。

2. 控制转移指令

（1）JUMP 指令

功能：跳至指定的标记或程序。例如："JUMP ＊1"指令执行后将跳至 ＊1 标记继续执行。

（2）CALL 指令

功能：调用指定程序。例如：CALL 1 IF IN＃（14）＝ON，通常输入 14 号口接通时，调用程序名为 1 的程序。

（3）＊（标记）

指定跳转目的地的标记，一般与 JUMP 指令配合使用。

（4）注释符（′）

注释语句，是为了便于程序的阅读而加入的解释说明部分。在程序段前加注释符将使该程序段成为注释语句。机器人再现操作时，将忽略注释语句。

（5）PAUSE 指令

暂停执行程序。例如：PAUSE IF IN♯（12）＝ON，如果通用输入 12 号口的信号接通，将暂停程序的执行。

3．运算指令

（1）CLEAR 指令

CLEAR 指令的功能是清数据。例如：CLEAR B003 10，执行结果将 B003～B012 变量值清 0。

（2）其他运算指令

其他运算指令包括加、减、乘、除运算等，见表 4-6。

表 4-6　常用运算指令一览表

指令	功　能	举　例
INC	变量加 1	INC B000
DEC	变量减 1	DEC B000
SET	给变量赋值	SET B000 0
ADD	加法运算	ADD B000 10
SUB	减法运算	SUB P000 P001
MUL	乘法运算	MUL P000 (3) D000
DIV	除法运算	DIV I000 I001
CNVRT	将脉冲位置变量转为坐标位置变量	CNVRT PX000 PX001 BF
AND	逻辑与运算	AND B000 B010
OR	逻辑或运算	OR B000 B010
NOT	逻辑非运算	NOT B000 B010
XOR	逻辑异或运算	XOR B000 B010
MFRAME	建立用户坐标系	MFRAME UF♯ (1) PX000 PX001 PX002
SETE	给位置型变量成员设定数据	SETE P000 (3) 2000
GETE	取出位置型变量成员数据	GETE D000 P000 (3)
GETS	读取系统变量	GETS PX000 $PX000
SQRT	开方运算	SQRT R000 2
SIN	正弦运算	SIN R000 60
COS	余弦运算	COS R000 60
ATAN	反正切运算	ATAN R000 60

4．移动类指令

（1）MOVJ/MOVL/MOVC/MOVS 指令

MOVJ/MOVL/MOVC/MOVS 移动指令指定以不同的插补方式移动至目的地。

（2）IMOV 指令

功能：从当前位置按直线插补方式移动设定的增分量。例如：IMOV P000 V＝138

RF，执行结果将从当前位置按照机器人坐标系方向移动 P000 内设定的增分量。

（3）SPEED 指令

功能：设定再现速度。登录的移动指令没有指定速度时，按 SPEED 指令设定的速度动作。

编程举例：

MOVJ VJ＝100.0	速度 100％
MOVL V＝138	速度 138
SPEED VJ＝50.0 V＝276	
MOVJ	速度 50％
MOVL	速度 276
MOVL V＝66	速度 66

二、机器人作业程序的创建

创建机器人作业程序的操作主要包括：①切换至示教模式，②输入作业程序名（又称示教程序名）。具体步骤见表 4-7。

表 4-7　创建作业程序

步骤	操 作 方 法	操 作 提 示
1	确认示教盒上的模式开关为"TEACH"	
2	在主菜单下选择〔JOB〕菜单	显示〔JOB〕子菜单： 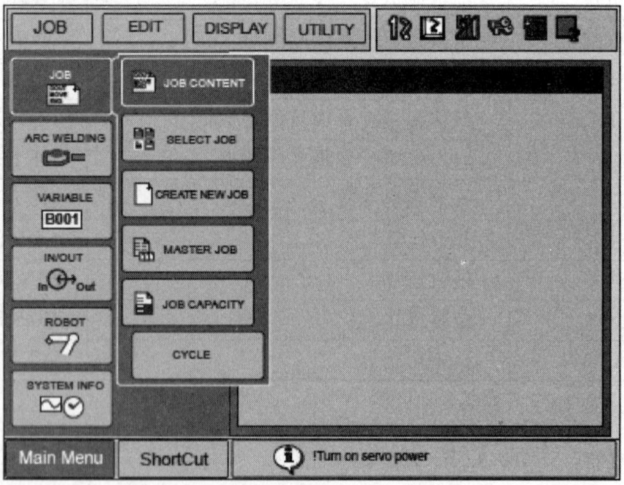

续表

步骤	操 作 方 法	操 作 提 示
3	选择〔CREATE NEW JOB〕子菜单	创建新作业程序画面：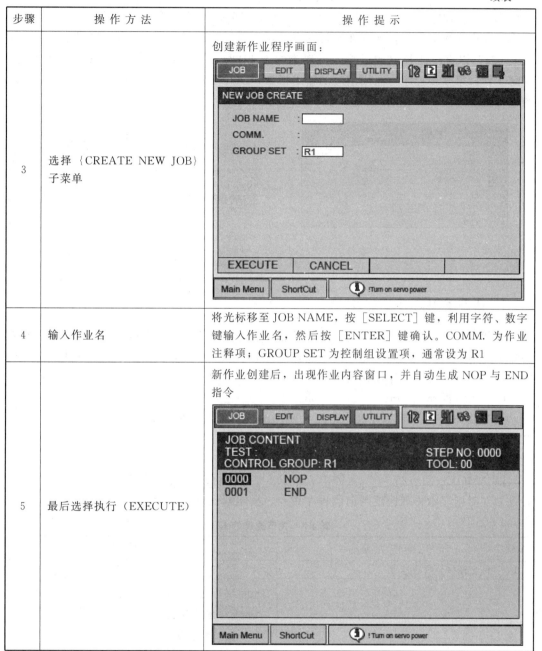
4	输入作业名	将光标移至 JOB NAME，按［SELECT］键，利用字符、数字键输入作业名，然后按［ENTER］键确认。COMM. 为作业注释项；GROUP SET 为控制组设置项，通常设为 R1
5	最后选择执行（EXECUTE）	新作业创建后，出现作业内容窗口，并自动生成 NOP 与 END 指令

三、机器人作业程序的示教

为了实现机器人的再现操作，示教点的目标位置、插补方式、再现速度等控制机器人动作的指令，必须写入作业文件中。一段简单的示教作业程序如图 4-57（a）所示。机器人再现操作时，将按照示教程序自上而下地依次执行。

图 4-57（a）中程序完整的解读：第 1 步程序"0001 MOVJ VJ＝50.00"的含义是"以关节插补方式、最大关节转速 50％的速度运行至第一个示教点（目标位置）"；第二步与第一步程序含义相同，区别在于目标点的位置（第二个示教点）；第三步程序"MOVL V＝1122"以直线插补方式运行，再现速度为 1122cm/min；第 4 步程序采用定时指令，延时 5 秒；第 5 步程序为通用信号的输出指令"DOUT OT♯（1）ON"等。程序执行后的运行轨迹如图 4-57（b）所示。

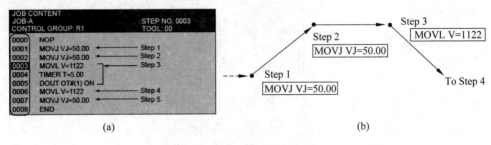

(a)   (b)

图 4-57　一段示教程序

1. 插补类型与再现速度

机器人的示教过程实际上是记录示教点位置与姿态的过程，而机器人再现时的运行轨迹除了与示教点位置相关外还取决于插补指令的类型。再现速度的快慢则取决于指令速度的大小，与示教时的操作速度无关。

（1）关节插补（Joint Interpolation）

关节插补用于机器人对轨迹路径无要求的场合，编程指令为 MOVJ。按［MOTION TYPE］键，可将输入缓冲区的移动指令切换至 MOVJ。从安全角度考虑，一般关节插补指令用于第一步的示教。

以"MOVJ VJ＝25.00"为例，VJ＝25.00 表示再现速度值为最大关节速度的 25％，若设为 0 时则表示再现速度与前段程序相同。具体编程方法见表 4-8。

表 4-8　关节速度的编程

步骤	操作方法	操作提示
1	将光标移至再现速度	
2	同时按［SHIFT］键与光标键	增加或减小关节速度值： ⇒ MOVJ VJ=0.78 Fast　100.00 ↑　　　50.00 　　　　25.00 　　　　12.50 　　　　6.25 　　　　3.12 ↓　　　1.56 Slow　0.78(%)

（2）直线插补（Linear Interpolation）

如果机器人再现时的运动轨迹为直线，示教时的编程指令为 MOVL。按［MOTION TYPE］键时，可将输入缓冲区的移动指令切换至 MOVL。直线插补指令可用于焊接作业，如图 4-58 所示为机器人直线移动并自动改变腕部姿态的情形。

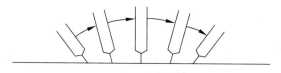

图 4-58　直线插补（腕部姿态改变）

再现速度的单位取决于机器人系统的设置，直线插补再现速度编程方法见表 4-9。

表 4-9　直线插补速度编程

步骤	操　作　方　法	操　作　提　示
1	将光标移至再现速度	
2	同时按［SHIFT］键与光标键	增加或减小再现速度值： ⇒ MOVL V=660 Fast 1500.0　　Fast 9000 　　750.0　　　　4500 　　375.0　　　　2250 　　187.0　　　　1122 　　93.0　　　　558 　　46.0　　　　276 　　23.0　　　　138 Slow　11 (mm/s)　Slow　66 (cm/min)

（3）圆弧插补（Circular Interpolation）

平面内不共线的三点才能确定一段圆弧，因此编写圆弧程序要示教三点，圆弧插补示教编程指令为 MOVC。图 4-59（a）为单一圆弧插补的情形，若 P0 点的示教程序为直线插补（MOVL）或关节插补（MOVJ），P1～P3 为圆弧插补指令上的点，则机器人从 P0 到 P1 的移动轨迹为直线。图 4-59（b）为连续圆弧运动轨迹的情形，两个圆弧程序段间要增加一段关节插补或直线插补程序段，增加的程序段起点与终点为同一点（又称一致点），因此上一段圆弧的终点实际上也是下一段圆弧的起点（表 4-10、表 4-11）。

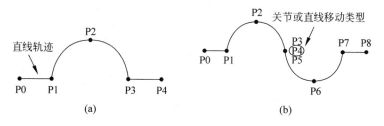

图 4-59　圆弧插补轨迹

表 4-10　单一圆弧示教编程

示教点	插 补 类 型	插 补 指 令
P0	关节插补或直线插补	MOVJ、MOVL
P1	圆弧插补	MOVC
P2		
P3		
P4	关节插补或直线插补	MOVJ、MOVL

表 4-11　连续圆弧示教编程

示教点	插 补 类 型	插 补 指 令
P0	关节插补或直线插补	MOVJ、MOVL
P1	圆弧插补	MOVC
P2		
P3		
P4	关节插补或直线插补	MOVJ、MOVL
P5	圆弧插补	MOVC
P6		
P7		
P8	关节插补或直线插补	MOVJ、MOVL

圆弧再现速度编程指令与直线再现速度指令相同。如图 4-59 所示，在 P2 示教点的再现（编程）速度适用于 P1～P2 段圆弧，P3 示教点的再现速度适用于 P2～P3 段圆弧。

（4）样条插补（Spline Interpolation）

对于不规则形状的工件执行焊接、切割等示教编程时应用样条插补指令 MOVS 更方便。样条插补轨迹是经过三点的抛物线。

图 4-60（a）为单一样条插补的情形，若 P0 点的示教程序为直线插补（MOVL）或关节插补（MOVJ），P1～P3 为样条插补指令上的点，则机器人从 P0 到 P1 的移动轨迹为直线。图 4-60（b）为连续样条插补轨迹，与连续圆弧插补轨迹不同，在两段样条轨迹间无须增加一致点（Identical Points）。再现速度的设置与圆弧示教方法相同，在 P2 示教点的再现速度适用于 P1～P2 段，P3 示教点的再现速度适用于 P2～P3 段（表 4-12、表 4-13）。

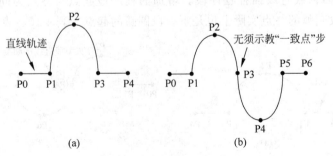

(a)　　　　　　　　　　　　(b)

图 4-60　样条插补轨迹

表 4-12　单一样条插补示教编程

示教点	插补类型	插补指令
P0	关节插补或直线插补	MOVJ、MOVL
P1	样条插补	MOVS
P2		
P3		
P4	关节插补或直线插补	MOVJ、MOVL

表 4-13　连续样条插补示教编程

示教点	插补类型	插补指令
P0	关节插补或直线插补	MOVJ、MOVL
P1～P5	样条插补	MOVS
P6	关节插补或直线插补	MOVJ、MOVL

2. 作业示教

安川机器人常用的指令有移动类（包括 MOVE 类与参考点类指令等）、I/O 类、控制类、工作类、运算类和平移类等，见表 4-14。

表 4-14　安川机器人常用指令类型

显示	指令组	功能	举例
MOTION	移动类指令	控制机器人运动	MOVJ、REFP
IN/OUT	I/O 类指令	控制输入/输出	DOUT、WAIT
CONTROL	控制类指令	程序跳转与定时等	JUMP、TIMER
DEVICE	工作类指令	弧焊、点焊、搬运等操作	ARCON、WVON、SVSPOT、SPYON
ARITH	运算指令	执行数学计算	ADD、SET
SHIFT	平移类指令	平移示教点	SFTON、SFTOF

（1）MOVE 移动类指令

MOVE 移动类指令是控制机器人运动轨迹的重要指令。与 MOVE 类指令示教相关的内容包括：设置位置数据、选择工具号、设置插补类型、设置再现速度、设置位置级等，具体操作步骤见表 4-15～表 4-19。

表 4-15　设置位置数据

步骤	操作方法	操作提示
1	在主菜单下选择〔JOB〕	出现子菜单：

75

续表

步骤	操 作 方 法	操 作 提 示
2	选择〔JOB CONTENT〕	显示当前所选的作业内容： 0000　NOP 0001　MOVJ VJ=25.00 0002　MOVJ VJ=25.00 0003　MOVJ VJ=12.50 0004　ARCON ASF#(1) 0005　MOVL V=66 0006　END
3	将光标移至准备输入移动 指令的前一行	
4	紧握使能开关	紧握使能开关（DEADMAN）打开伺服电源
5	将机器人移至期望的位置	用轴控制键将机器人移至目标位置（示教点的位置）

如果一台机器人要使用多个工具，须将参数 S2C261 设为 1。

表 4-16　选择工具号

步骤	操 作 方 法	操 作 提 示
1	同时按下〔SHIFT〕键 和〔COORD〕键	选择坐标系时，同时按下〔SHIFT〕和〔COORD〕键，出现工具 号窗口： 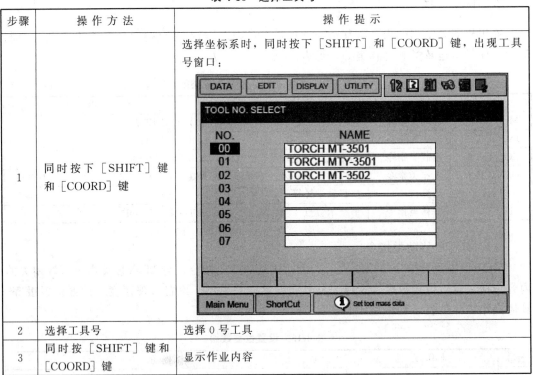
2	选择工具号	选择 0 号工具
3	同时按〔SHIFT〕键和 〔COORD〕键	显示作业内容

表 4-17　设置插补类型

步骤	操 作 方 法	操 作 提 示
1	按〔MOTION TYPE〕键	按〔MOTION TYPE〕键时，输入缓冲行指令按顺序切换： MOVJ→MOVL→MOVC→MOVS
2	选择插补类型	关节插补为 MOVJ，直线插补为 MOVL；圆弧插补为 MOVC； 样条插补为 MOVS

表 4-18　设置再现速度

步骤	操作方法	操作提示
1	将光标移至指令行	`0001 MOVJ=50.00`
2	按下［SELECT］键	光标移动至输入缓冲行： ⇒ `MOVJ VJ= 50.00`
3	将光标移至再现速度	
4	同时按［SHIFT］键和上/下光标键	关节速度在作增/减变化： ⇒ MOVJ VJ=`50.00`

5	按下［ENTER］键	输入了 MOV 指令：
		`0000    NOP`
		→`0001    MOVJ VJ=50.00`
		`0002    END`

示教编程时，如果新程序步"工具号""插补类型""再现速度"与上段程序步相同，则无须改变原来的设置，这一功能有助于提高示教编程的效率。

设置位置级是为了表明机器人再现操作时与示教点间的接近程度，主要用在关节插补（MOVJ）与直线插补（MOVL）程序段中。位置级别分为 0，1～8 级，数字越小定位精度越高，如图 4-61 所示：机器人运行轨迹为 P1→P2→P3，若对 P2 点定位精度要求不高时，在编写 P1→P2 程序段时可将位置级（PL）设大些。为了在示教程序中显示位置级，从〔EDIT〕菜单中选取"使能位置级标签"（ENABLE POS LEVEL TAG）。

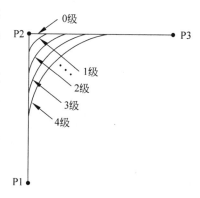

图 4-61　位置级（Position Level）

表 4-19　设置位置级别

步骤	操作方法	操作提示
1	选择移动类指令	出现细节编辑（DETAIL EDIT）窗口：

77

步骤	操作方法	操作提示
2	选择位置级（POS LEVEL）	出现选择对话框： 显示位置级。位置级（PL）初值为"1"： 可在输入缓冲区用数字键修改位置级，按［ENTER］键确认，带有位置级的移动类指令：
3	选择"PL"	
4	按下［ENTER］键	

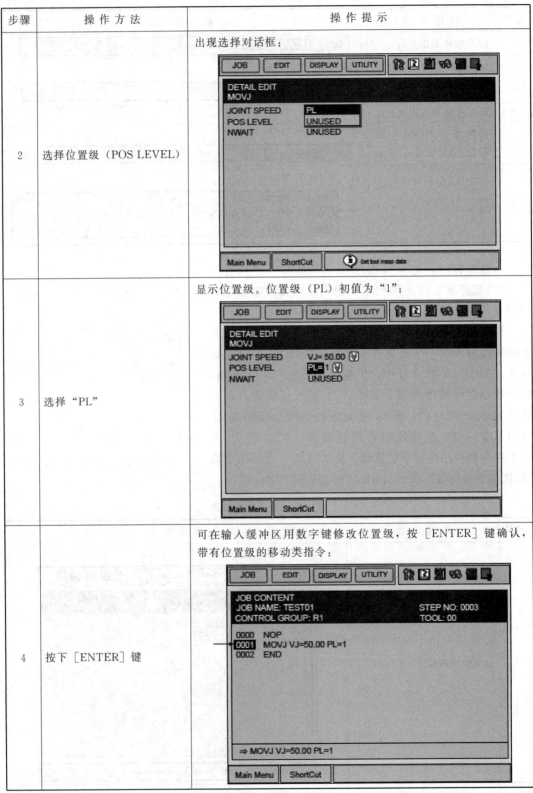

（2）参考点指令（REFP）

参考点指令用于设置机器人程序或手动操作中频繁使用的固定位置。每个应用程序最多可设 8 个参考点，具体步骤见表 4-20。

表 4-20 输入参考点指令

步骤	操 作 方 法	操 作 提 示
1	主菜单下选择〔JOB〕	打开作业，显示作业内容
2	移动光标	将光标移至准备输入参考点指令之前的位置： 0003　　MOVL V=558 0004　　CALL JOB: TEST 0005　　MOVL V=138
3	握紧使能开关	伺服电源开启
4	按轴控制键	将机器人移至参考点位置
5	按〔REFP〕键	参考点指令显示在输入缓冲行： ⇒ REFP 1
6	改变参考点编号	将光标移至参考点编号上，同时按下〔SHIFT〕键和光标键以改变参考点编号： ⇒ REFP 2 也可以使用数字键输入参考点编号，在参考点号上按下〔SELECT〕键，然后输入编号并按〔ENTER〕键： Ref-point no. = ⇒ REEP ▌
7	按〔INSERT〕键	〔INSERT〕键指示灯亮。若在 END 指令前，无须按〔INSERT〕键
8	按〔ENTER〕键	REFP 指令输入完成： 0003　　MOVL V=558 0004　　CALL JOB: TEST 0005　　REFP 1 0006　　MOVL V=138

（3）定时指令（TIMER）

示教程序中采用定时指令可以控制机器人在设定的时间内停止运行。定时指令的输入步骤见表 4-21。

表 4-21 输入定时指令

步骤	操 作 方 法	操 作 提 示
1	主菜单下选择〔JOB〕	打开作业，显示作业内容
2	移动光标	将光标移至准备输入参考点指令之前的位置： 0003　　MOVJ VJ=50.00 0004　　MOVL V=138
3	按〔TIMER〕键	定时指令显示在输入缓冲行： ⇒ TIMER T=1.00

续表

步骤	操 作 方 法	操 作 提 示
4	改变定时时间	将光标移至定时时间上，同时按下［SHIFT］键和光标键以改变定时时间数值： ⇒ TIMER T=**2.00** 也可以使用数字键输入定时时间，在时间数值上按下［SELECT］键，然后输入定时时间并按［ENTER］键： Time = ⇒ TIMER T=█
5	按［INSERT］键	［INSERT］键指示灯亮。若在 END 指令前，无须按［INSERT］键
6	按［ENTER］键	定时指令输入完成： 0003 MOVJ VJ=50.00 **0004** TIMER T=2.00 0005 MOVL V=138

（4）第一步与最后一步的重合操作

假定有一作业共 6 步，如图 4-62 所示。为了提高工作效率，可以将第六步（最后一步）示教位置修改成与第一步示教位置相同，这样机器人执行完第五步后将直接回到第一步，具体操作步骤见表 4-22。

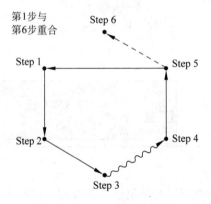

图 4-62　示教步的重合操作

表 4-22　重合操作

步骤	操 作 方 法	操 作 提 示
1	将光标移至第一步的程序行	
2	按下［FWD］键	机器人将运动至第一步示教位置
3	将光标移至最后一步的程序行	光标开始闪烁，表明光标行所记录的机器人位置与机器人实际位置不一致
4	按［MODIFY］键	键的指示灯亮
5	按［ENTER］键	将最后一步的位置数据修改成与第一步位置数据相同，程序段中的插补类型与运动速度没有改变

3.示教程序的检查

示教程序检查所选的模式为示教模式下，打开伺服电源并按下使能（Deadman）开关后，可用［FWD］键或［BWD］键检查示教步的位置是否合适，每按一次，机器人将向前或向后移动一步。以［FWD］键为例，按下时机器人按照程序顺序执行带有移动指令的程序，并不执行其他类型的指令，如定时指令、I/O 指令等。为了执行所有程序指令，必须同时按下［INTERLOCK］键和［FWD］键。若同时按［SHIFT］键和［FWD］键时，将连续执行移动类指令。

（1）子程序调用

图 4-63 中包含子程序调用（CALL）指令，在主程序中按［FWD］键执行到 CALL 指令后将调用子程序作业，按子程序顺序执行作业指令，子程序调用完成后回到主程序，执行 CALL 后的程序指令，直至程序结束（END）。按［BWD］键程序执行顺序正好相反，如图 4-64 所示。

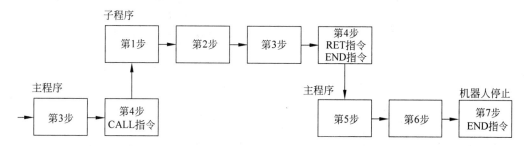

图 4-63　按［FWD］键时的执行顺序（子程序调用）

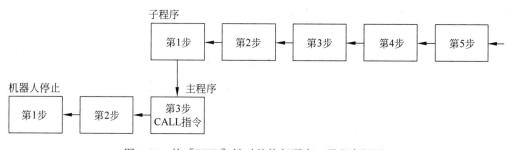

图 4-64　按［BWD］键时的执行顺序（子程序调用）

（2）圆弧运动（FWD/BWD）

按［FWD］键或［BWD］键时机器人将沿直线轨迹运动至圆弧插补的第一步，如果沿圆弧轨迹中途停止，再次按下［FWD］键或［BWD］键时，机器人将沿直线轨迹运动至圆弧下一点。如图 4-65 所示，"P1→P2→P3"为一段顺时针圆弧上的三个点，若在"P1→P2"圆弧段停止，并手动控制机器人移动至 P0 位置，再次按下［FWD］键时，机器人将先沿直线运动至 P2，"P2→P3"段圆弧轨迹保持不变。

（3）样条曲线运动

"P1→P2→P3"为一段样条曲线上的三个点，按［FWD］键时样条曲线运动轨迹如

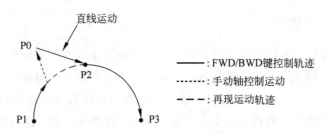

图 4-65　圆弧运动（FWD/BWD）

图 4-66 所示。若在"P1→P2"曲线段停止，并手动控制机器人移动至 P0 位置，再次按下 ［FWD］键时，机器人将先沿直线运动至 P2，"P2→P3"段运动轨迹与再现操作时的轨迹并不相同。

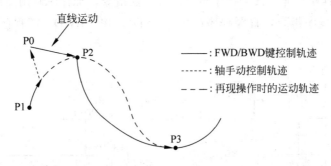

图 4-66　样条曲线运动 1（FWD）

对于样条曲线，按［FWD］键与［BWD］键时运动轨迹也有差别，如图 4-67 所示。连续按［FWD］键和初次按［FWD］键，"P2→P3"段的轨迹不相同；机器人停在 P3 处，按［BWD］键的"P3→P2"段轨迹与从 P2 处按［FWD］键的"P2→P3"段轨迹并不重合。

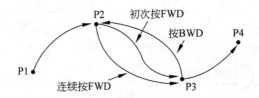

图 4-67　样条曲线运动 2（FWD/BWD）

（4）选择手动速度

按［FWD］键或［BWD］键时机器人按手动控制速度运动。手动速度由机器人示教盒上的 **FAST** 键和 **SLOW** 键控制。

按［FAST］键时，机器人运动速度的切换顺序为 INCH→SLOW→MED→FST；按［SLOW］键时，机器人运动速度的切换顺序正好相反，为 FST→MED→SLOW→INCH。如图 4-68 所示，机器人示教盒状态显示区表明机器人手动控制时按中速（MED）运动。

图 4-68　机器人状态显示区

（5）运动至参考点

检查参考点位置的方法：将光标移至参考点指令，同时按下［REFP］键和［FWD］键，机器人将运动至设定的参考点位置。

（6）示教模式下的运行测试

示教程序的再现操作可以在示教模式下用测试操作来模拟。利用这一功能可以非常方便地检查连续运动轨迹和动作指令的执行。同时按下［INTERLOCK］键和［TEST START］键即可执行测试操作，一旦松开按键，程序立即停止执行。

4．示教程序的修改

示教程序打开后，修改内容的不同取决于光标所在的区域，当光标位于地址区时，可以修改指令；当光标位于指令区时，可以修改已经输入的指令附加项数据，如图 4-69所示。

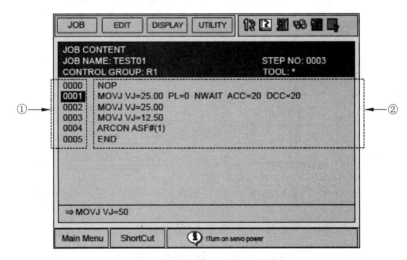

①—地址区；②—指令区

图 4-69　示教程序的不同区域

在示教作业界面若要选择指令类型，可按［INFORM LIST］键，如图 4-70 所示。

有关安川机器人示教指令的具体分类详见本书附录部分，下面针对使用频次最多的移动类指令、定时指令、I/O 指令给出指令插入、删除与修改的一般方法。

（1）移动类指令的插入（Insert）

移动类指令的插入需要在伺服电源开启（Servo On）时进行，其操作流程如图 4-71所示，具体操作步骤见表 4-23。

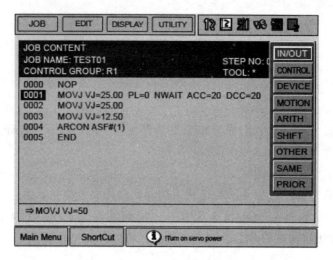

图 4-70 指令类型选择操作

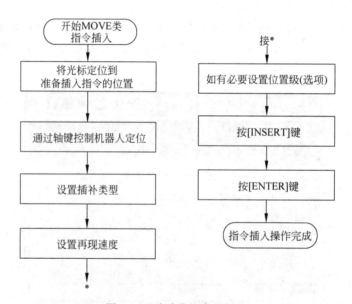

图 4-71 移动类指令的插入

表 4-23 移动类指令的插入操作

步骤	操 作 方 法	操 作 提 示
1	将光标移至插入位置前一行	0006　MOVL V=276 0007　TIMER T=1.00 0008　DOUT OT#(1) ON 0009　MOVJ VJ=100.0
2	操作轴控制键	打开伺服电源，操作轴控制键移动机器人至插入程序段定位的位置。确认移动类指令在输入缓冲区并设置插补类型和再现速度
3	按［INSERT］键	插入键上的指示灯亮，如果插入位置在 END 指令前，无须按［INSERT］键

续表

步骤	操作方法	操作提示
4	按［ENTER］键	移动类指令插入在光标行之后，根据菜单〔设置〕→〔示教条件〕画面上的"移动指令插入位置"的设置，分为两种情况： ① 移动类指令插入在下一步之前 　　　　　　0006　　MOVL V=276 　　　　　　0007　　TIMER T=1.00 　　　　　　0008　　DOUT OT#(1) ON 　Add→　0009　　MOVL V=558 　　　　　　0010　　MOVJ VJ=100.0 ② 移动类指令插入在光标行之后 　　　　　　0006　　MOVL V=276 　Add→　0007　　MOVL V=558 　　　　　　0008　　TIMER T=1.00 　　　　　　0009　　DOUT OT#(1) ON 　　　　　　0010　　MOVJ VJ=100.0

（2）移动类指令的删除（Delete）

移动类指令删除的操作流程如图 4-72 所示，操作步骤见表 4-24。

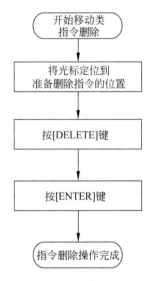

图 4-72　移动类指令的删除

表 4-24　移动类指令的删除操作

步骤	操作方法	操作提示
1	将光标移至准备删除的移动类指令行	0003　　MOVL V=138 →　0004　　MOVL V=558 　　0005　　MOVJ VJ=50.00

步骤	操 作 方 法	操 作 提 示
		如果机器人当前位置与光标行示教程序段的位置不一致，光标将闪烁，有两种方法可停止光标闪烁 方法一：按［FWD］键将机器人移至待删移动指令位置 方法二：按［MODIFY］→［ENTER］键修改待删程序段位置为机器人当前位置
2	按［DELETE］键	键指示灯闪烁
3	按［ENTER］键	移动类指令程序段被删除： 0003 MOVL V=138 0004 MOVJ VJ=50.00

（3）移动类指令的修改

移动类指令的修改包括两个方面：位置数据与插补类型。位置数据的修改方法见表 4-25，插补类型的修改方法见表 4-26。

表 4-25　位置数据的修改

步骤	操 作 方 法	操 作 提 示
1	将光标移至待修改的移动指令	显示作业内容窗口，将光标移至准备修改的移动指令处
2	按轴控制键	打开伺服电源，通过轴控制键将机器人移至期望的位置
3	按［MODIFY］键	键灯闪烁
4	按［ENTER］键	记录机器人当前所在位置的数据

表 4-26　插补类型的修改

步骤	操 作 方 法	操 作 提 示
1	将光标移至待修改的移动指令	显示作业内容窗口，将光标移至准备修改的移动指令处
2	按［FWD］键	开启伺服电源并按［FWD］键将机器人移至待修改指令所处的位置
3	按［DELETE］键	键灯闪烁
4	按［ENTER］键	光标所在行的程序步被删除
5	按［MOTION TYPE］键	改变插补类型。每按一次该键，输入缓冲区的指令按照 MOVJ→MOVL→MOVC→MOVS 顺序切换
6	按［INSERT］键	
7	按［ENTER］键	所选的插补类型与位置数据将同时更新

（4）参考点指令的修改

参考点指令修改分为：指令删除与参考点位置更改两种情形。由于参考点指令中也包含有位置信息，指令删除时，必须先将机器人移至参考点指令定义的位置，然后再执行删除操作，具体操作时先按［DELETE］键，再按［ENTER］键确认。

参考点位置更改的方法见表 4-27。

表 4-27　参考点指令的修改

步骤	操 作 方 法	操 作 提 示
1	将光标移至待修改的参考点指令	显示作业内容窗口，将光标移至准备修改的参考点指令处
2	用轴键控制机器人移动	开启伺服电源并按轴键，将机器人移至新的目标位置
3	按［REFP］键	
4	按［MODIFY］键	键灯闪烁
5	按［ENTER］键	完成光标行所在参考点指令的更改

（5）定时指令的修改

定时指令修改分为：定时指令删除与定时时间更改两种情形。定时指令删除比较简单，将光标移至待删除的定时指令，执行删除操作：先按［DELETE］键，再按［ENTER］键确认。

定时时间更改的方法见表 4-28。

表 4-28　定时时间的修改

步骤	操 作 方 法	操 作 提 示
1	将光标移至待修改的定时指令	0003　MOVJ VJ=50.00 0004　TIMER T=0.50 0005　MOVL VJ=138 0006　MOVL VJ=138
2	按［TIMER］键	0003　MOVJ VJ=50.00 0004　TIMER T=0.50 0005　MOVL VJ=138 0006　MOVL VJ=138
3	将光标移至输入缓冲区定时器值	将光标移至输入缓冲区定时器值并同时按［SHIFT］键和光标键以设置定时时间，也可用数字键输入定时时间 ⇒ TIMER T=0.50
4	更改定时器值	将定时值修改为 1.00
5	按［MODIFY］键	键灯闪烁
6	按［ENTER］键	完成光标所在行的定时时间更改 0003　MOVJ VJ=50.00 0004　TIMER T=1.00 0005　MOVL VJ=138 0006　MOVL VJ=138

（6）I/O 指令的修改

I/O 指令也就是输入/输出指令，用于改变向外围设备的输出信号状态，或读出输入信号的状态。下面以输出指令修改为例说明指令修改的方法（表 4-29）。

表 4-29　输出指令的修改

步骤	操作方法	操作提示
1	在示教模式下将光标移至待修改的输出指令	0022　　MOVJ VJ=100.00 0023　　DOUT OT#(1) ON 0024　　MOVJ VJ=50.00
2	按［INFORM LIST］键	出现 INFORM 命令列表，下画线显示在地址区的行号下 0017　　TIMER T=1.00 0018　　MOVJ VJ=12.50 0019　　MOVJ VJ=50.00 0020　　MOVL V=138 0021　　PULSE OT#(2) T=I001 0022　　MOVJ VJ=100.00 0023　　DOUT OT#(1) ON IN/OUT CONTROL DEVICE MOTION ARITH SHIFT OTHER SAME PRIOR
3	选择指令组	出现指令列表对话框，选中的指令出现在输入缓冲行 0017　　TIMER T=1.00 0018　　MOVJ VJ=12.50 0019　　MOVJ VJ=50.00 0020　　MOVL V=138 0021　　PULSE OT#(2) T=I001 0022　　MOVJ VJ=100.00 0023　　DOUT OT#(1) ON ⇒ PULSE OT#(1) DOUT DIN WAIT PULSE / IN/OUT CONTROL DEVICE MOTION ARITH SHIFT OTHER SAME PRIOR
4	选择修改的指令	将 DOUT 指令修改为 PULSE 指令
5	修改输出地址号与附加项	① 更改输出地址号 将光标移至地址号，同时按［SHIFT］键和光标键可改变地址号： ⇒ PULSE OT#(2) 也可按［SELECT］键显示输入缓冲行，用数字键直接输入并按［ENTER］键确认： OUTPUT NO.= ⇒ PULSE OT#(■) ② 增加、修改或删除附加项（如设定的时间值） 把光标移至输入缓冲行的指令并按［SELECT］键，出现详细编辑窗口：

续表

步骤	操作方法	操作提示
		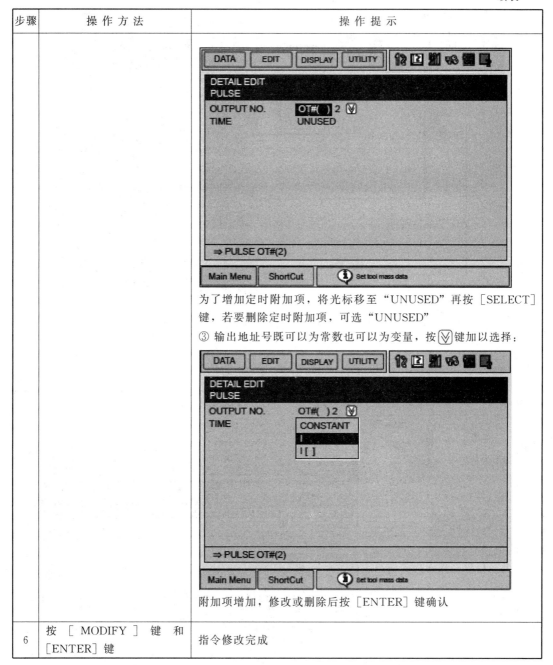为了增加定时附加项，将光标移至"UNUSED"再按〔SELECT〕键，若要删除定时附加项，可选"UNUSED" ③ 输出地址号既可以为常数也可以为变量，按 ⟨Ⅴ⟩ 键加以选择： 附加项增加，修改或删除后按〔ENTER〕键确认
6	按〔MODIFY〕键和〔ENTER〕键	指令修改完成

5. 示教程序的编辑

示教程序的编辑包括复制、剪切、粘贴、反向粘贴等操作，如图 4-73 所示。其中反向粘贴时相当于将选定示教程序的顺序颠倒后的粘贴操作。表 4-30 以程序选择、复制和粘贴操作为例说明程序的编辑方法。其他操作与复制过程类似，都需要先选定作业程序范围，然后再执行相应的操作。

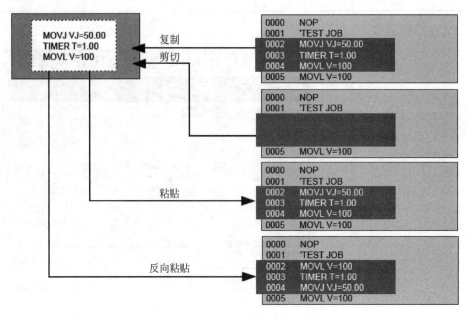

图 4-73　示教程序的编辑-复制、剪切、粘贴和反向粘贴

表 4-30　部分作业内容的选择复制与粘贴操作

步骤	操 作 方 法	操 作 提 示
1	将光标移至作业内容窗口的指令区	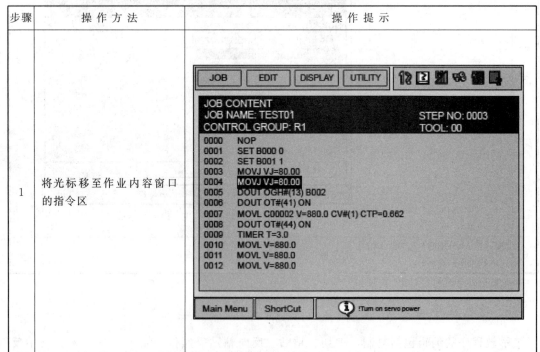

步骤	操 作 方 法	操 作 提 示
2	将光标移至开始行后同时按 [SHIFT] 键和 [SELECT] 键	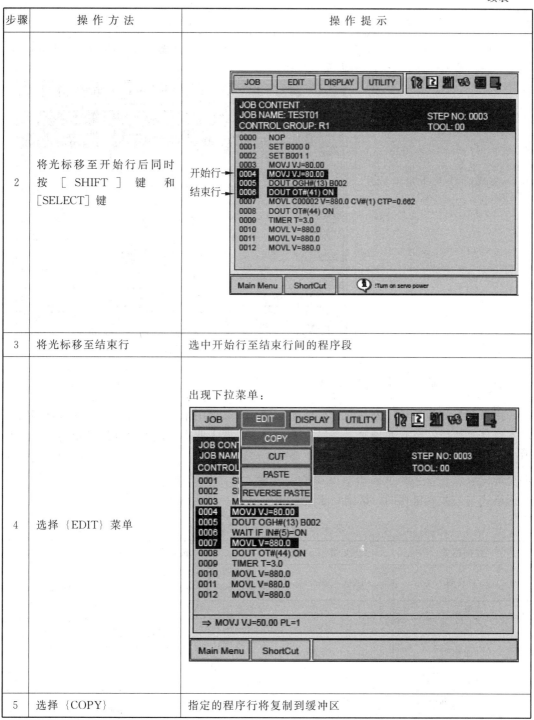
3	将光标移至结束行	选中开始行至结束行间的程序段
4	选择〔EDIT〕菜单	出现下拉菜单:
5	选择〔COPY〕	指定的程序行将复制到缓冲区

步骤	操 作 方 法	操 作 提 示
6	将光标移至指定的程序位置	出现下拉菜单，选择〔PASTE〕子菜单，确认后所选的作业内容将插入程序中 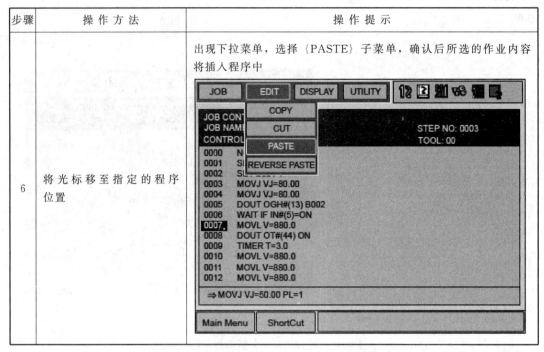

6. 用户变量（User Variables）的编辑

用户变量分为两类：公共变量与局部变量，一般可用来存放计数器、计算过程和输入状态信息等数值。公共变量又称全局变量，对于机器人所有作业程序其值是相同的，因此可用于作业程序间的信息交互。局部变量仅在所调用作业执行期间生效，不影响其他作业的局部变量值。公共变量属于断电保持型变量，其常用的数据类型见表 4-31。局部变量数据格式与公共变量相同，区别在于变量号前以 L 字母为前缀。

表 4-31　公共变量的数据类型

数据格式		变量号	取值范围与应用场合
字节型		B000～B099	取值范围：0～255 应用场合：I/O 状态，与、或、非等逻辑操作
整型		I000～I099	取值范围：－32768～32767
双精度型		D000～D099	取值范围：－2147483648～2147483647
实型		R000～R099	取值范围：－3.4E＋38～3.4E38 精度：1.18E－38＜x≤3.4E38
字符型		S000～S099	最大的存储字符数：16
位置类型	机器人轴	P000～P27	以脉冲形式或直角坐标形式存储移动指令的目标位置数据、平移指令的增量值等
	基座轴	BP000～BP127	
	工作站轴	EX000～EX127	

有一段程序，定时时间采用整型公共变量 I000：TIMER T＝I000。由于定时时间的单位为 0.01 秒，若要定时 10 秒，I000 的值须设为 1000。

　　字节型、整型、双精度型和实型变量的显示与设置方法相似，下面以字节型公共变量（表 4-32）、位置公共变量（表 4-33）的显示与设置为例加以说明。

表 4-32　字节型（Byte）公共变量的显示与设置

步骤	操作方法	操作提示
1	选择主菜单下的〔VARIABLE〕子菜单	
2	选择变量类型	变量类型分为〔BYTE〕，〔INTEGER〕，〔DOUBLE〕与〔REAL〕等，以字节变量的选择为例：
3	将光标移至变量号	若在当前页面没有所选变量号，有两种方法来显示： ① 将光标移至任一变量号并按〔SELECT〕键，然后用数字键输入待查变量号并按〔ENTER〕键 ② 选中〔EDIT〕菜单并按〔SEARCH〕子菜单，然后输入变量号并按〔ENTER〕键
4	将光标移至变量数据编辑框	
5	按〔SELECT〕键	可以直接输入数据
6	按〔ENTER〕键	完成变量数据的输入：
7	选择 "NAME"	出现输入缓冲行
8	输入变量名	变量名：WORK2 NUM
9	按〔ENTER〕键	完成变量名的输入：

表 4-33　位置（Position）公共变量的设置

步骤	操作方法	操作提示
1	选择主菜单下的〔VARIABLE〕子菜单	
2	按翻页键选择变量号	按翻页键选择后面的位置变量；若同时按［SHIFT］键，则返回前面变量。有两种方法显示不在当前页的变量： ① 按［DIRECT PAGE］键，输入变量号后再按［ENTER］键 ② 选择〔EDIT〕菜单→再按〔SEARCH〕子菜单，输入变量号后再按［ENTER］键
3	选择位置变量类型	位置变量有两种：脉冲（PULSE）型与直角坐标（XYZ）型 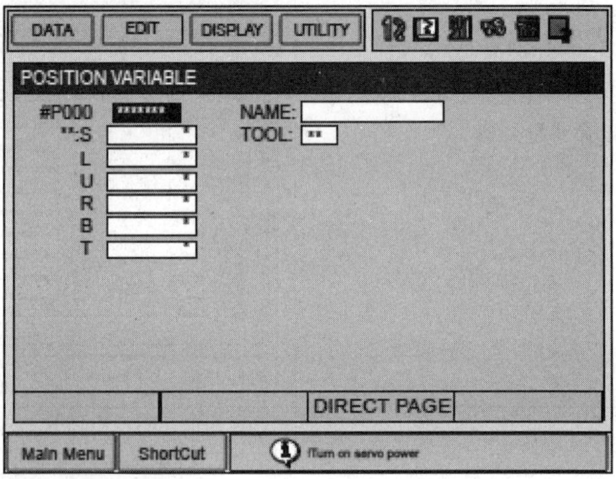 按下变量号后的编辑框后，出现选择对话框： 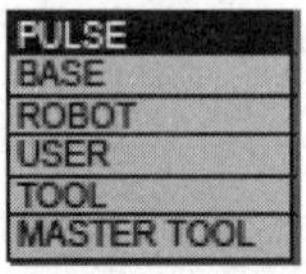
3	选择脉冲型〔PULSE〕	设置机器人位置变量的关节脉冲
4	输入变量值并按［ENTER］键	按关节输入关节脉冲： 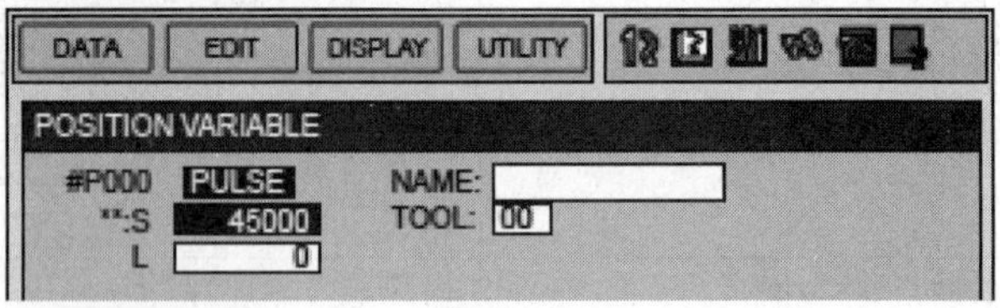
5	若选择〔ROBOT〕直角坐标（XYZ）型	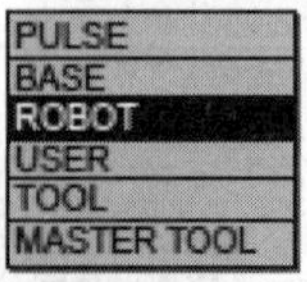 坐标位置变量的设置如下图，一般情况下需要设置＜TYPE＞项，除非变量用于平行移动操作。TYPE 值可用［SELECT］键进行选择：

续表

步骤	操作方法	操作提示
		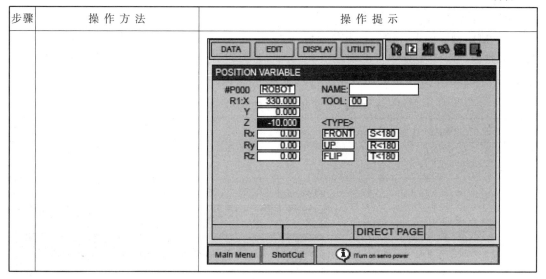

7. 作业内容的搜索

在作业程序（JOB）编辑过程中有时需要进行作业内容的搜索，具体包括：程序行（LINE）、程序步（STEP）、标签（LABEL）与指令（INSTRUCTION）等。打开作业程序后，单击〈EDIT〉→〈SEARCH〉，出现搜索对话框（图 4-74），根据需要选择搜索项。

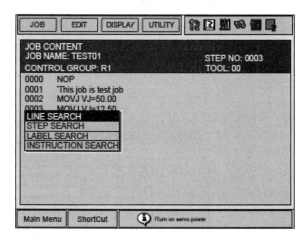

图 4-74　搜索对话框

四、机器人示教编程实例

1. 数字键功能的自定义

机器人示教盒面板上的数字键（或符号键），包括 0～9，［.］与［-］共 12 个键可以定义为其他功能。键功能的自定义分为两种情形：单独控制（KEY ALLOCATION-EACH）与同时控制（KEY ALLOCATION-SIM）。

"单独控制"情形：键［一］可以定义为编程指令输出控制指令（DOUT），编程时直接按下此键，DOUT 指令将出现在输入缓冲行，可以省掉按［INFORM LIST］键再查找指令的步骤，能够显著提高示教编程的效率，具体操作见表 4-34。

表 4-34　数字键功能的自定义（单独控制）

步骤	操作方法	操作提示
1	选择主菜单下的｛SETUP｝子菜单	
2	选择｛KEY ALLOCATION｝子菜单	出现键功能分配（EACH）窗口：
3	选择｛DISPLAY｝菜单	出现下拉菜单，有两个选项（ALLOCATE EACH KEY 与 ALLOCATE SIM KEY）：
4	选择｛ALLOCATE EACH KEY｝	

续表

步骤	操作方法	操作提示
5	将光标移至待定义键的右侧"FUNCTION"栏，按［SELECT］键	出现选项对话框：
6	选择"INSTRUCTION"	指令显示在"ALLOCATION CONTENT"栏，为了改变定义的指令可将光标移至指令上再按［SELECT］键，从指令组列表对话框内选择分配的指令

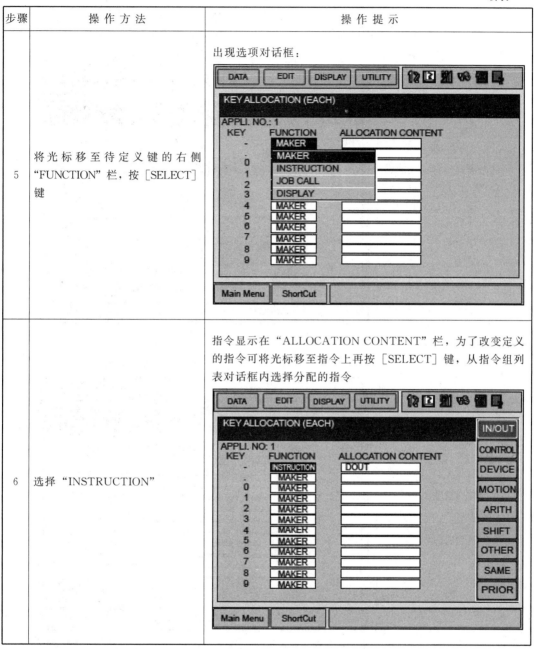

"同时控制"情形：数字键自定义的另外一种功能是实现数字键与［INTERLOCK］键同时按下时实现某种输出控制。例如：将数字键［－］定义为1号输出控制的按键，当同时按下［－］键和［INTERLOCK］键时可交替（Alternate）控制输出1的接通与断开。如果输出1对应于工具的开/关控制，这项功能就可以用于机器人示教时快速开启或关断工具，是提高编程效率的有效方法。"同时控制"操作的前三步与单独控制相同，第4步应选择〔ALLOCATE SIM. KEY〕，其余操作详见表4-35。

表 4-35　数字键功能的自定义（同时控制）

步骤	操 作 方 法	操 作 提 示
1	将光标移至待定义键的右侧"FUNCTION"栏，按［SELECT］键	出现选项对话框： 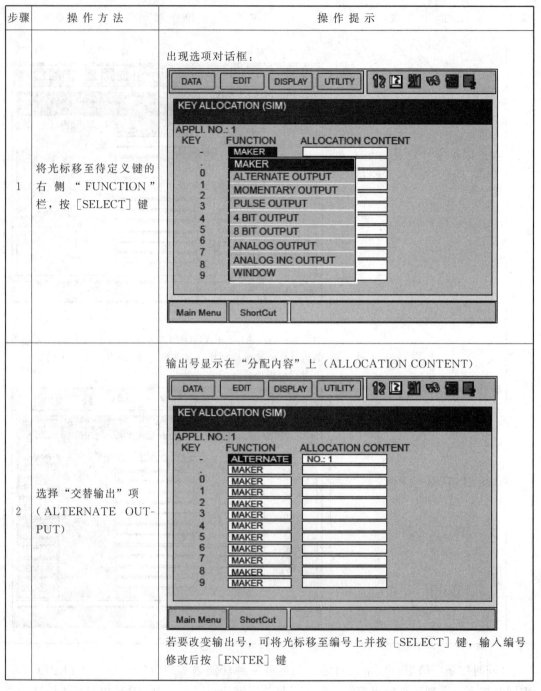
2	选择"交替输出"项（ALTERNATE OUTPUT）	输出号显示在"分配内容"上（ALLOCATION CONTENT） 若要改变输出号，可将光标移至编号上并按［SELECT］键，输入编号修改后按［ENTER］键

2. 工件弧焊应用编程

（1）作业步与示教程序

图 4-75 是工件弧焊的一个例子，共有 6 个作业步，每一移动步对应一个示教点。其中第一步（Step1）与最后一步（Step6）重合，为待机位置；第四步（Step4）为实际焊

接的路径，由于是直线轨迹，编程指令为 MOVL，其他移动指令均采用关节插补指令 MOVJ。示教编程时，输入焊接开始指令（ARCON）可按［ARCON］键，一般将该键定义为数字 8 键；而输入焊接结束指令（ARCOF）可按［ARCOFF］键，可将该键定义为数字 5 键。

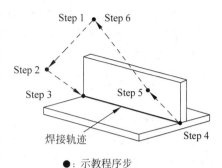

图 4-75　工件弧焊应用

实际上每个移动类指令都包含移动目标的位置数据，也就是示教点的坐标变量 Cn（n 从 0000 开始编号），只不过没有在示教程序中直接显示出来而已。编写的示教程序及内容说明见表 4-36。

表 4-36　工件焊接示教程序及操作说明

程序行号	指　　令	内　容　说　明
0000	NOP	
0001	MOVJ VJ=25.00	将机器人移至待机位置（Step1）
0002	MOVJ VJ=25.00	将机器人移至焊接起始位置附近（Step2）
0003	MOVJ VJ=12.50	将机器人移至焊接起始点（Step3）
0004	ARCON	开始焊接（非移动步程序）
0005	MOVL V=50	将机器人移至焊接结束位置，所走轨迹为直线（Step4）
0006	ARCOF	焊接结束
0007	MOVJ VJ=25.00	将机器人移至不会触碰工件或夹具的位置（Step5）
0008	MOVJ VJ=25.00	将机器人移至待机位置（Step6）
0009	END	

（2）程序测试运行

示教程序检查是程序正式运行前的重要环节。为了在程序测试运行时不执行弧焊指令（ARCON），需要设定一些专门运行项，具体操作步骤如下。

① 将示教盒上的模式开关切换至再现（PLAY）。

② 选择 ｛UTILITY｝ → ｛SETUP SPECIAL RUN｝，出现专用再现（SPECIAL PLAY）窗口［图 4-76（a）］。

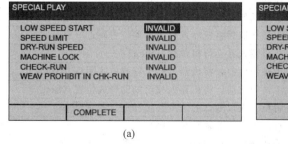
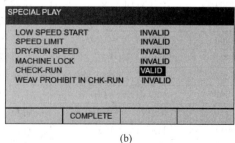

（a）　　　　　　　　　　　　　　　　（b）

图 4-76　专用再现（SPECIAL PLAY）设置窗口

③ 将光标移至 "CHECK-RUN" 设置项，再按［SELECT］，此时状态切换至 "VALID"［图 4-76（b）］。

④ 确认无人在机器人工作空间范围内，然后按［START］键启动机器人的试运行操作。

如果试运行确认正常后，再将"CHECK-RUN"设置项恢复为"INVALID"，此时若再次启动示教程序，ARCON 与 ARCOF 指令将被执行。

3. 工件取放应用编程

（1）作业步与示教程序

图 4-77 是机器人取放工件的一个例子，共有 10 个示教步，每一步对应一个示教点。其中第一步（Step1）与最后一步（Step10）重合，为待机位置。程序中除了 MOVJ、MOVL 移动插补类指令外，还用到了工件取放指令（HAND x ON/OFF）、定时器指令（TIMER）。示教程序及内容说明详见表 4-37。

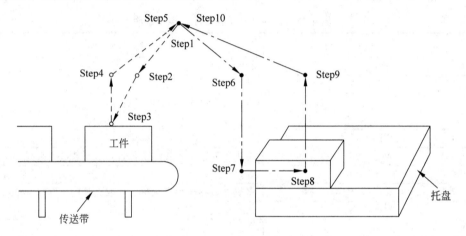

图 4-77　工件取放应用

表 4-37　工件取放示教程序及操作说明

程序行号	指　　　令	内　容　说　明
0000	NOP	
0001	MOVJ VJ＝25.00	将机器人移至待机位置（Step1）
0002	MOVJ VJ＝25.00	调整机器人姿态，将机器人移至抓取位置附近（Step2）
0003	MOVL V＝100.0	将机器人移至抓取位置（Step3）
0004	HAND 1 ON	抓取工件（非移动步程序）
0005	TIMER T＝0.50	等待抓取动作完成，定时 0.5 秒
0006	MOVL V＝100.0	工件抓取后将机器人移至抓取位置附近（Step4）
0007	MOVJ VJ＝25.00	将机器人移至待机位置（Step5）
0008	MOVJ VJ＝25.00	工件释放前，将机器人移至释放位置附近（Step6）
0009	MOVL V＝100.0	工件释放前，将机器人移至辅助释放位置（Step7）
0010	MOVL V＝50.0	将机器人以较低的速度移至释放位置（Step8）
0011	HAND 1 OFF	释放工件（非移动步程序）
0012	TIMER T＝0.50	等待释放动作完成，定时 0.5 秒
0013	MOVL V＝100.0	工件释放后，将机器人移至释放附近位置（Step9）
0014	MOVJ VJ＝25.00	将机器人移至待机位置（Step10）
0015	END	

示教编程时，输入工件取放指令可按［TOOL 1 ON/OFF］键，工具指令控制按键与小数点［.］为同一按键；输入定时指令可直接按数字键［1］，也可先按［INFORM LIST］键，后选择"CONTROL"（控制类），再选择定时指令（TIMER）。

（2）示教编程步骤

第1步为待机位置，必须将机器人调整到与工件、夹具不会碰撞的安全位置，第2步～第4步为与抓取工件相关的程序步，第6步～第9步是与释放工件相关的程序步。示教模式下若要检查程序路径，可按［FWD］键或［BWD］键，使机器人前进一步或后退一步。表4-38为前4步的示教操作过程。

表 4-38　机器人取放工件示教操作

Step1：将机器人移至待机位置		
步骤	操作方法	操作提示
1	将机器人移至安全位置	
2	输入第1步程序：MOVJ VJ＝25.00	ENTER
Step2：将机器人移至工件位置附近		
步骤	操作方法	操作提示
1	调整机器人姿态，并将机器人移至工件上方附近	
2	按［ENTER］键，输入第2步程序： 0000　NOP 0001　MOVJ VJ=25.00 0002　MOVJ VJ=25.00 0003　END	ENTER
Step3：保持机器人姿态不变，将机器人移至抓取位置		
步骤	操作方法	操作提示
1	改变手动操作速度至中速（Medium）： JOB　EDIT　DISPLAY　UTILITY	FAST SLOW
2	在保持机器人姿态不变的情况下将机器人移至抓取位置	
3	按［MOTION TYPE］键设置直线插补指令 MOVL： ⇒ MOVL V=11.0	MOTION TYPE
4	将光标定位在行号上，按［SELECT］键： ⇒ MOVL V=11.0	SELECT

续表

步骤	操 作 方 法	操 作 提 示
5	出现输入缓冲行后，将光标移至 V＝11.0 上，按［SELECT］键后将速度值改为 100m/s 后，再按［ENTER］键确认	
6	按［ENTER］，输入第 3 步程序： 0000　NOP 0001　MOVJ VJ=25.00 0002　MOVJ VJ=25.00 0003　MOVL V=100.0 0004　END	
7	按［TOOL 1 ON/OFF］，"HAND 1 ON"出现在输入缓冲行： ⇒ HAND 1 ON	
8	按［ENTER］键，输入 HAND 指令	
9	按［INFORM LIST］键，出现指令列表，选择"CONTROL"，然后将光标移至 TIMER 并按［SELECT］键，输入缓冲行： ⇒ TIMER T=1.00	
10	修改输入缓冲行时间值为 0.50： ⇒ TIMER T=0.50	
11	按［ENTER］键，输入定时指令	
12	再按［INFORM LIST］键关闭按键灯	

Step4：抓取后，将机器人上移至合适的位置		
步骤	操 作 方 法	操 作 提 示
1	用轴控制键将机器人上移至合适位置，一般直接定位在抓取位置上方，也可以与第 2 步示教位置相同	

步骤	操 作 方 法	操 作 提 示
2	光标定位在行号上后，按［SELECT］键： ⇒ **MOVL** V=11.0	SELECT
3	出现输入缓冲行后，将光标移至 V＝11.0 上，按［SELECT］键后将速度值改为 100m/s 后，再按［ENTER］键确认	➡ SELECT ➡ ENTER
4	按［ENTER］键，输入第 4 步程序： 0000　NOP 0001　MOVJ VJ=25.00 0002　MOVJ VJ=25.00 0003　MOVL V=100.0 0004　HAND 1 ON 0005　TIMER T=0.50 0006　MOVL V=100.0 0007　END	ENTER

（3）程序测试运行

工件取放程序测试运行前的操作与弧焊程序测试运行前的操作类似，不同之处在于专用再现（SPECIAL PLAY）窗口设置项不同。取放测试前须将图 4-76 中"SPEED LIMIT"设置项设为"VALID"，测试完成后再恢复"INVALID"值。

4．通用目的应用编程

（1）作业步与示教程序

图 4-78 以切割应用为例介绍机器人通用示教编程的过程，程序共 6 步。同样第一步（Step1）与最后一步（Step6）应重合，为待机位置。示教程序及内容说明详见表 4-39。

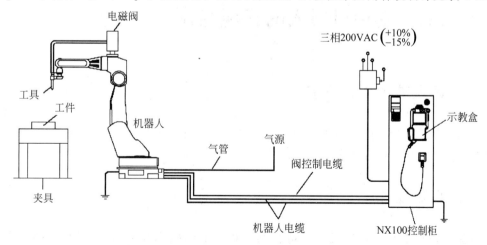

图 4-78　切割应用机器人系统构成

表 4-39　工件切割示教程序及操作说明

程序行号	指　　令	内 容 说 明
0000	NOP	
0001	MOVJ VJ＝25.00	将机器人移至待机位置（Step1）
0002	MOVJ VJ＝25.00	将机器人移至切割开始位置附近（Step2）
0003	MOVJ VJ＝12.50	将机器人移至切割开始位置（Step3）
0004	TOOLON	开始切割
0005	MOVL V＝50.0	将机器人移至切割终点位置（Step4）
0006	TOOLOF	停止切割
0007	MOVJ VJ＝25.00	将机器人移至工具与工件不干涉的位置（Step5）
0008	MOVJ VJ＝25.00	将机器人移至待机位置（Step6）
0009	END	

TOOLON 与 TOOLOF 指令用于切割的启/停控制，分别定义为数字键［2］与标点键［.］，为了输入 TOOLON 指令，编程时只要按数字键［2］，"TOOLON"指令将出现在输入缓冲区，再按［ENTER］键后，指令插入程序段中。同时按［INTERLOCK］键与数字键［2］时可开启工具，按［INTERLOCK］键与数字键［.］时可关闭工具，上述快捷功能的使用有助于缩短示教编程的时间。另外也可按［INFORM LIST］键显示指令对话框，再选择 TOOLON 或 TOOLOF 指令，但是操作起来没有直接按数字键［2］、符号键［.］来得方便与快捷。

对于 NX100 控制柜，TOOLON 与 TOOLOF 指令共用一个逻辑号 30026，也就是一个输出点（图 4-53），TOOLON 时输出接通（ON），TOOLOF 时输出断开（OFF）。

（2）程序测试运行

切割测试前须将图 4-76 中"SPEED LIMIT"设置项设为"VALID"，测试完成后再恢复"INVALID"值。

第七节　安川机器人的再现操作

一、再现前的操作准备

调用示教程序的步骤：单击主菜单｛JOB｝ → ｛SELECT JOB｝，出现程序列表窗口后选择准备回放操作的程序名（图 4-79）。

二、再现操作

在程序内容窗口，将示教盒（或控制面板）上的模式开关切换至"PLAY"，出现图 4-80 所示的回放再现窗口。图中①为程序内容显示；②为速度倍率设置；③为机器人

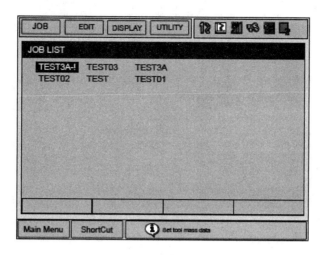

图 4-79　程序列表窗口

循环操作时间，机器人开始启动时，原来的时间复位，开始重新计时；④为开始步号；⑤为机器人执行移动作业的时间；⑥为再现时间，从程序开始启动至停止的总时间。

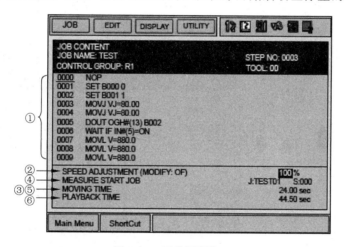

图 4-80　回放再现窗口

1. 操作循环设置

机器人有三种操作循环：自动（AUTO）循环、单循环（1 CYCLE）与单步（1 STEP）。"自动循环"时，机器人启动（START）后将重复执行作业程序，即执行到最后一行程序时将再回到开始程序段重新执行；单循环时，仅执行一次所选的机器人作业程序；单步执行时，每按一次启动键，执行一个程序行。

操作循环的设置步骤：在主菜单下选择｛JOB｝→｛CYCLE｝，出现图 4-81 所示窗口，其中"CONTINUOUS"表示自动循环选项。

操作循环的设置也可在管理模式下通过更改操作状态项（OPERATION CONDITION）来实现，操作步骤见表 4-40。

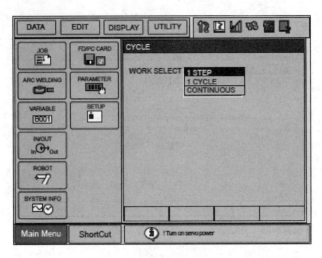

图 4-81　操作循环设置窗口

表 4-40　操作状态项（OPERATION CONDITION）的更改设置

步骤	操 作 方 法	操 作 提 示
1	在主菜单下选择〔SETUP〕	
2	选择〔OPERATE COND〕子菜单	出现操作状态设置窗口： 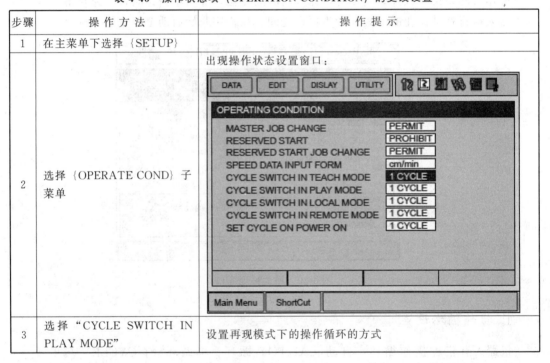
3	选择"CYCLE SWITCH IN PLAY MODE"	设置再现模式下的操作循环的方式

2. 专用再现操作项设置

再现操作模式时，将光标移至菜单区，选择菜单〔UTILITY〕→〔SETUP SPECIAL RUN〕，出现专用再现项选择界面，共有 6 个选项，如图 4-82 所示。

常用选项的设置说明：

"SPEED LIMIT"项设置：示教模式时机器人在限定速度下的操作，一般将速度上限设为 250mm/s，如果示教速度超过这个值，将受到钳制。"DRY-RUN SPEED"项设定空

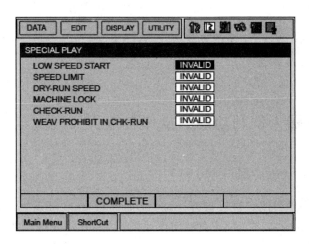

图 4-82　专用再现项选择界面

运行速度，一般设为最大速度的 10%。"MACHINE LOCK"项设置机器锁，为了检查程序运行时的输入与输出状态而设置该选项，机器人再现操作时并不执行位置控制。"CHECK-RUN"项设置运行检查操作，选择此项时，再现操作时不执行 ARCON 之类的工作指令，主要用于检查程序路径。

取消所有专用操作的方法：选择菜单｛EDIT｝ → ｛CANCEL ALL SELECT｝，将取消所有专用功能的设置。

3．启动控制

可在两种模式下启动机器人程序运行：再现模式（PLAY）与远程模式（REMOTE）。再现模式下，直接按启动（START）按钮；远程模式下，可由外部信号启动。

三、停止与再启动操作

按"保持"按钮可暂停机器人程序的运行，"保持"按钮释放后再按"启动"（START）键，机器人将从停止位置处继续运行。

按"急停"（EMERGENCY STOP）按钮，机器人伺服电源立即切断，控制柜与示教盒上的急停按钮具有相同的控制效果；若要释放急停按钮，须顺着急停按钮上的箭头方向转动，然后再按下示教盒上的［SERVO ON READY］按键即可接通伺服电源。在确保机器人运行安全的情况下按"启动"按钮可重启作业程序。

由于报警（ALARM）或其他因素也会导致机器人运行的停止。对于一般操作错误引起的报警，可在报警画面下按［SELECT］键，然后复位（RESET），即可清除报警状态。对于因硬件故障引起的报警，须切断电源，查找并排除故障，此类故障排查周期一般比较长。历史报警的显示方法：在主菜单中选择｛SYSTEM INFO｝ → ｛ALARM HISTORY｝，将显示历史报警画面。

第八节　安川机器人的应用编程

一、安川机器人便利功能的操作与编程

1. 直接打开键（又称属性键）

在示教作业程序界面按"直接打开"键（Direct Open）可以立即显示坐标位置、用户输入/输出状态、作业状态文件或被调用作业内容等窗口，当再次按下"直接打开"键时，将返回原来的作业内容窗口，如图 4-83 所示。注意每次只能通过"直接打开"键打开一个窗口。

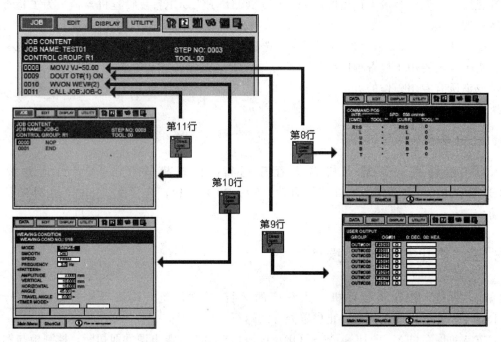

图 4-83　按"直接打开"键后显示的内容

2. 平移功能

（1）平移功能简介

平移功能是指将一个物体上的所有点按照某个方向做相同距离的移动，简称平移。图 4-84（a）所示为物体沿某方向平移距离 L 的过程。图 4-84（b）中 A 点为示教位置，位置 A 与位置 B 的距离为 L，B～G 间 C、D、E、F 为等分点，点与点的间距为 L，L 是一个三维的空间坐标增量值，根据位置 A 与平移增量位移 L，可以得到 B～G 六个不同位置。

机器人示教过程中平移功能的应用有助于减少示教操作，提高示教编程效率。

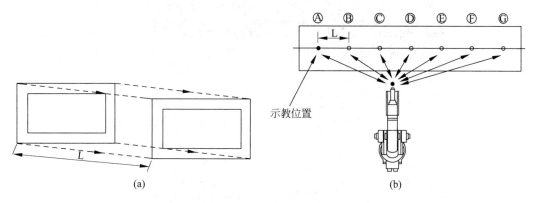

图 4-84　平移功能示例

下面一段例子程序，其中 SFTON 至 SFTOF 指令间的程序段将执行平移操作，平移位移量为相对于 1 号用户坐标系 UF♯（1）的位置变量 P□□□。图 4-85 给出了平移前、后的机器人运动轨迹，实线为未执行平移时的轨迹，虚线为执行平移后的轨迹。

行号	程序指令	说明
0000	NOP	
0001	MOVJ VJ＝50.00	第 1 步
0002	MOVL V＝138	第 2 步
0003	SFTON P□□□ UF♯(1)	
0004	MOVL V＝138	第 3 步
0005	MOVL V＝138	第 4 步
0006	MOVL V＝138	第 5 步
0007	SFTOF	
0008	MOVL V＝138	第 6 步

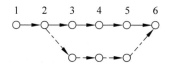

图 4-85　执行平移指令前后轨迹

（2）设置平移值

位置变量可用来定义平移值，位置变量设置窗口如图 4-86 所示。在应用平移功能之前，必须计算示教点和平移目标点间的距离，然后提前将该值输入给位置变量 P□□□。机器人再现操作时，根据示教点位置与位置变量的叠加值（新的目标位置）移动。一般情况下角度平移量为 0，也就是保持机器人末端姿态不变，仅执行位置坐标的平移。另外平移位置变量是相对于特定坐标系的，在变量设置时要选择坐标系：基座坐标系（Base Coordinates）、机器人坐标系（Robot Coordinates）、工具坐标系（Tool Coordinates）或用户坐标系（User Coordinates），对于没有伺服导轨的机器人系统，基座坐标系与机器人坐标系是一致的。在平移指令调用时，要包含上述坐标指令，例如机器人坐标系下的位置平移编程：SFTON P0000 RF。

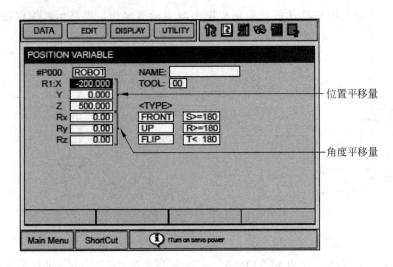

图 4-86　位置变量设置窗口

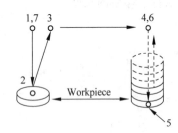

图 4-87　工件堆垛应用

（3）平移指令在工件码垛操作上的应用

所谓堆垛是指这样一种功能，通过对几个具有代表性的点进行示教，即可从下层到上层按照顺序堆叠工件。可以应用平移指令 SFTON、SFTOF 实现如图 4-87 所示的工件堆垛应用编程。

程序共有 7 个操作步，示教时应将第 1 步与第 7 步设置为待机位置。程序中 P000 为 1 号工件坐标系下设置的位置平移变量，B000 字节变量用于工件计数。工件取/放操作实际上是一个相反的过程，下面给出堆放工件操作的示教程序：

行号	程序指令	说明
0000	NOP	
0001	SET B000　0	'将 B000 变量赋初值 0
0002	SUB P000　P000	'位置变量 P000 初始化
0003	＊A	'跳转标志
0004	MOVJ VJ＝50.00	'第 1 步
0005	MOVL V＝138	'第 2 步
0006	'抓取工件	
0007	MOVL V＝138	'第 3 步
0008	MOVL V＝138	'第 4 步
0009	SFTON P000 UF＃(1)	'平移开始程序段
0010	MOVL V＝138	'第 5 步：位置平移
0011	'释放工件	
0012	SFTOF	'平移结束程序段
0013	ADD P000　P001	'位置变量 P000 与 P001 相加后赋给 P000
0014	MOVL V＝138	'第 6 步

0015	MOVL V＝138	'第 7 步
0016	INC B000	'字节变量 B000 增 1
0017	JUMP ＊A IF B000＜6	'条件判断式
...		

从上面的例子可以看出：在已知平移位置变量时，使用 SFTON 指令较为方便。若没有直接给出平移的位置变量值，但已知特定坐标系下参考位置与目标位置时，可应用 MSHIFT 指令求出机器人位置的变化值并存入位置变量，应用 MSHIFT 指令的程序如下：

行号	程序指令	说明
0000	NOP	
0001	MOVJ VJ＝20.00	将机器人移至参考位置
0002	GETS PX000 ＄PX000	将参考位置值赋予位置变量 P000
0003	MOVJ VJ＝20.00	将机器人移至目标位置
0004	GETS PX001 ＄PX000	将目标位置值赋予位置变量 P001
0005	MSHIFT PX010 BF PX000 PX001	将位置变化值赋予位置变量 P010
0006	END	

3. 平行移动程序的变换功能

（1）功能简介

对于已经示教的作业程序，当机器人或工作台的位置发生偏移时，可以进行程序的整体修改。此时利用平行移动程序的变换功能可以缩短修改时间，将程序所有点移动相同的偏移量，生成一个新的程序。变换时的几点注意事项：位置变换后，超出机器人可动范围外的程序点，显示"/OV"，位置修改后"/OV"消失；位置型变量不能成为平行移动程序的变换对象；没有轴组的程序以及并行程序不能执行平移变换（图 4-88）。

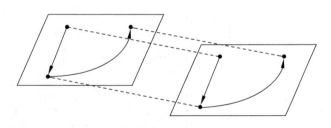

图 4-88　程序的整体平移修改

（2）变换时的坐标系

平行移动程序变换，必须指定坐标系。平移坐标系可以从基座坐标系（BF）、机器人坐标系（RF）、工具坐标系（TF）、用户坐标系（UF）、主工具坐标系（R1＋R2 程序）或关节坐标系（JF）中选择。例如对应程序的轴组为 R 时，可以选择基座坐标系、机器人坐标系、工具坐标系或用户坐标系进行平移变换。图 4-89 中包含两部分偏移量：基座轴移动设定的偏移量 B 与机器人控制点在机器人坐标上设定的偏移量 A，这些轴分别独立运动。

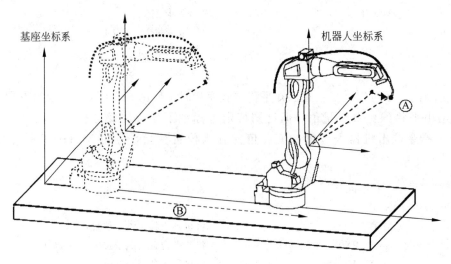

图 4-89　基座轴偏移量与机器人轴偏移量

（3）变换操作方法（表 4-41）

表 4-41　平行移动程序的变换操作

步骤	操作方法	操作提示
Step1：设定变换项目		
1	在主菜单下选择〈JOB〉	显示程序内容画面
2	选择〈UTILITY〉菜单	
3	选择〈PARALLEL SHIFT JOB〉	显示平行移动程序设置画面： 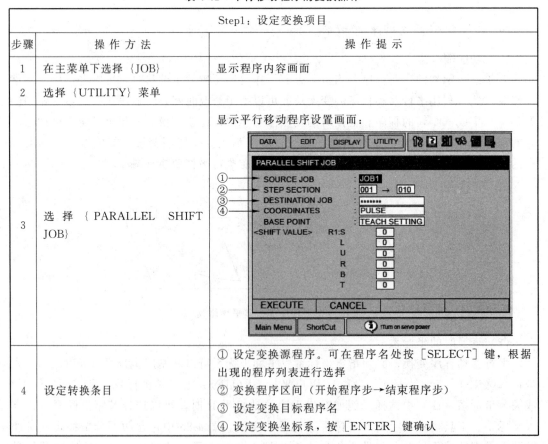
4	设定转换条目	① 设定变换源程序。可在程序名处按［SELECT］键，根据出现的程序列表进行选择 ② 变换程序区间（开始程序步→结束程序步） ③ 设定变换目标程序名 ④ 设定变换坐标系，按［ENTER］键确认

Step2：设定偏移量-直接输入偏移量		
步骤	操作方法	操作提示
1	显示平行移动程序变换画面，选择欲设定的偏移量的值（机器人坐标）	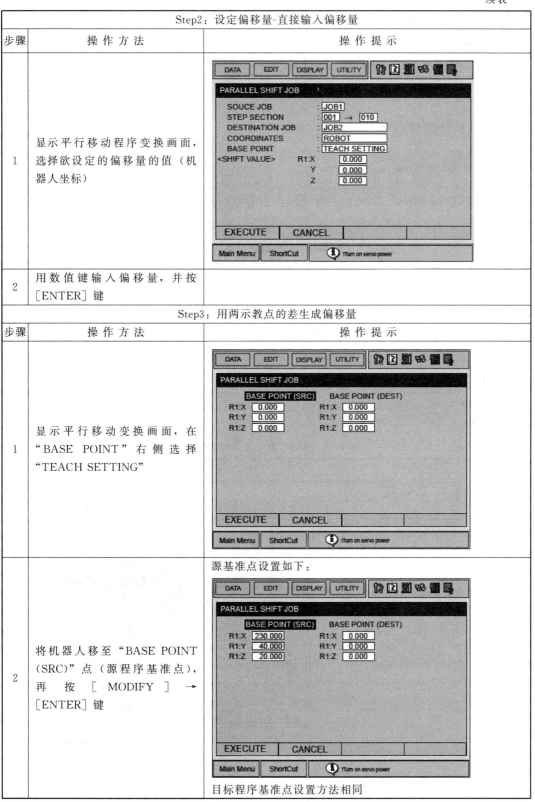
2	用数值键输入偏移量，并按［ENTER］键	

Step3：用两示教点的差生成偏移量		
步骤	操作方法	操作提示
1	显示平行移动变换画面，在"BASE POINT"右侧选择"TEACH SETTING"	
2	将机器人移至"BASE POINT (SRC)"点（源程序基准点），再按［MODIFY］→［ENTER］键	源基准点设置如下： 目标程序基准点设置方法相同

续表

步骤	操 作 方 法	操 作 提 示
3	在将机器人移至"BASE POINT（DEST）"进行目标程序基准点设置	两个位置示教完成后，单击"EXECUTE"

4. 手动位置修改（PAM）功能

（1）PAM功能简介

手动位置修改功能（简称 PAM 功能）是在机器人不停止动作的情况下，用简单的操作进行位置修改的功能。在示教或再现模式下都可以完成位置修改，包括示教位置、动作速度和位置等级等，见表 4-42。

表 4-42 修改数据的输入范围

序号	数 据	输 入 范 围
1	一次最多可修改的程序步数	10 步
2	位置修改范围（X、Y、Z）	单位为 mm，小数点后保留两位有效数字，最大±10mm
3	速度修改范围（V）	以关节速度为例，单位为 0.01%，最大±50%
4	PL 修改范围	0～8
5	修改坐标系	机器人坐标系（默认值），基座坐标系，工具坐标系，用户坐标系

（2）操作方法（表 4-43）

表 4-43 手动位置修改（PAM）操作

步骤	操 作 方 法	操 作 提 示
1	选择主菜单〔JOB〕项	
2	选择程序内容	显示程序内容（示教模式）、出现再现画面（再现模式）
3	选择菜单〔UTILITY〕，出现下拉菜单	选择〔PAM〕菜单项，出现 PAM 功能画面： 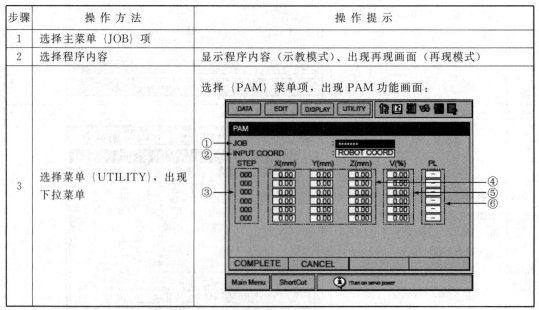

步骤	操 作 方 法	操 作 提 示
4	设定修改数据	① 设定要修改的程序名 ② 设定要修改的坐标系 ③ 设定要修改的程序步号 ④ 设定要修改坐标（X、Y、Z）的增分量 ⑤ 设定速度的增分量 ⑥ 要修改的程序中有位置等级时，可修改显示数据；若无，则不能设定
5	编辑数据	把光标移至要删除的程序步，选择菜单〔EDIT〕，行清除时，选择〔LINE CLEAR〕，行复制时选择〔LINE COPY〕；行粘贴时，选择〔LINE PASTE〕
6	执行修改或取消修改操作	若要执行修改，单击界面上的"COMPLETE"，并确认；若要取消修改，单击界面上的"CANCEL"即可

5. 镜像功能

机器人进行左右对称轨迹的作业时，可以利用镜像功能。在机器人坐标或用户坐标系中，相对于指定的坐标平面（X-Y、X-Z 或 Y-X）进行镜像转换，如图 4-90 所示。

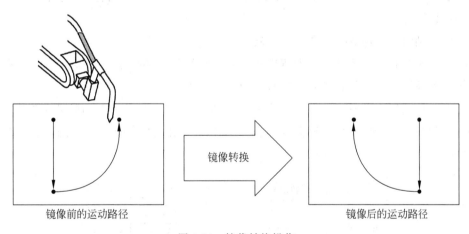

镜像前的运动路径　　　　镜像转换　　　　镜像后的运动路径

图 4-90　镜像转换操作

镜像转换分为三种：脉冲镜像转换、机器人坐标镜像转换和用户坐标镜像转换。

（1）脉冲镜像转换

脉冲镜像转换要预先用参数指定欲转换的轴，对于指定轴的符号（＋/－）被反转。用参数 S1CxG065 指定镜像转换符号反转的轴（x 表示控制组，又称轴组），如图 4-91 所示。当参数取值为 41 时，转换成二进制数为 101001，表示第 1 轴、第 4 轴与第 6 轴反转，其余轴不反转。

（2）机器人坐标镜像转换

在机器人坐标系中进行镜像转换，是相对于机器人坐标的 X-Z 面进行转换，如图 4-92 所示。

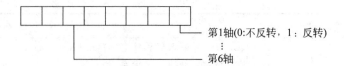

第1轴(0:不反转，1：反转)

⋮

第6轴

图 4-91　参数 S1CxG065 的位功能

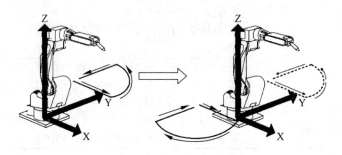

图 4-92　机器人坐标镜像转换

（3）用户坐标镜像转换

在用户坐标系中进行镜像转换，是相对于用户坐标的 X-Z、X-Y 或 Y-Z 面进行转换。工装轴的镜像转换，用参数 S1CxG065 指定要转换的轴，这些轴的符号反转。

转换注意事项：

① 没有轴组的程序及相关程序不能转换。

② 在有多个轴组的系统中，源程序中指定的轴组与转换程序中的轴组必须相同。

③ 在镜像转换中，位置变量不能被修改。

④ 有一种机器人 S 轴中心线与 T 轴中心线在 Y 方向有偏移，若用脉冲镜像转换不能得到正确的转换，须用机器人坐标或用在 T 轴回转中心建立的用户坐标进行镜像转换，如图 4-93 所示。

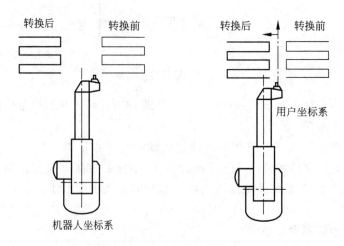

图 4-93　S 轴中心线与 T 轴中心线在 Y 方向有偏移时的镜像转换

（4）镜像转换操作（表 4-44）

表 4-44　镜像转换操作

步骤	操 作 方 法	操 作 提 示
1	选择程序内容	
2	选择菜单〔UTILITY〕	出现下拉菜单
3	选择〔MIRROR SHIFT〕子菜单	〔MIRROR SHIFT〕子菜单项显示：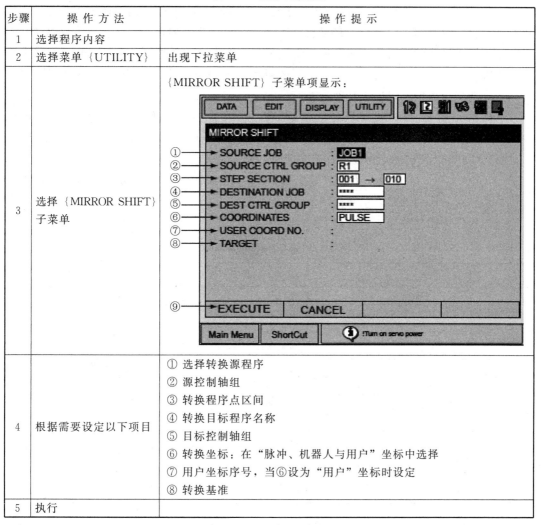
4	根据需要设定以下项目	① 选择转换源程序 ② 源控制轴组 ③ 转换程序点区间 ④ 转换目标程序名称 ⑤ 目标控制轴组 ⑥ 转换坐标：在"脉冲、机器人与用户"坐标中选择 ⑦ 用户坐标序号，当⑥设为"用户"坐标时设定 ⑧ 转换基准
5	执行	

二、安川 MOTOMAN 机器人在柔性制造系统（FMS）上的应用

将工业机器人应用于柔性制造系统（FMS），代替人工实现自动上/下料操作，构成自动化生产单元或生产线，是现代制造业重要发展方向。

安川 MOTOMAN 机器人是一种"示教再现型"工业机器人，为了实现不同的搬运操作，须预先通过液晶示教盒移动机器人完成不同位姿点的示教，对应于不同的源位置或目标位置，分别编制成不同的子程序；而主程序（MAST.JBI）较为简单，基本上由一些条件 if 判断语句组成，用以判断机器人不同字节变量 B000～B005 的值，初始值一般为 0，如果数值发生改变则调用相应的子程序。为了实现这一功能，首先由控制计算机发送命令"LOADV 0 0～5 data0"（第一个"0"代表字节型变量，而"0～5"则代表变量号，即

B000～B005，data0 代表数值），将机器人字节变量 B000～B005 中某一变量的值修改为 data0；然后发送命令 "START MAST"，使机器人执行主程序 MAST，主程序根据 B000～B005 中某值的改变而调用不同的子程序，而子程序运行过程中还要根据 data0 值跳转到对应的分支程序段执行，最终机器人将按上位计算机的控制要求实现上/下料操作。另外，机器人操作结束后，为了获取机器人变量 B020～B025 的值，控制计算机可以发送 "SAVEV 0 20～25 data1" 指令，接受到的返回值也就是机器人端 B020～B025 的数值。利用这一功能可以检查机器人作业的执行情况。

下面给出机器人从缓冲区 1～6（Buffer1～6）抓取工件运行至加工中心机床（MACHINE）并将工件置于机床夹具内定位与夹紧的子程序（B_M.JBI），说明如下：

（1）C00000～C00044 为以脉冲形式表示的示教点位置；

（2）B003、B023、B080 为字节型变量，B003 为控制计算机发送的控制信息，B023 为机器人执行后返回的状态信息，B080 为中间变量。

（3）程序中用到的输入/输出信号见表 4-45。

表 4-45　输入/输出信号一览表

输 入 信 号	功 能 说 明	信 号 来 源
IN♯（17）	机床门开	气动门
IN♯（18）	工件夹紧	气动夹具
IN♯（20）	工件到位	气动夹具
IN♯（23）	气动手爪闭合	气动手爪
IN♯（24）	气动手爪张开	气动手爪
输出信号	功能说明	信号来源
OT♯（17）	张开气动手爪	机器人
OT♯（18）	闭合气动手爪	机器人
OT♯（19）	开机床门	机器人
OT♯（21）	松夹具	机器人
OT♯（22）	定位工件	机器人
OT♯（23）	夹紧工件	机器人

由于机器人末端安装的气动手爪，由三位电磁阀控制，两端电磁铁的输出控制信号分别为 OT♯（17）与 OT♯（18），因此控制手爪动作时确保两个电磁铁不能同时通电。

机器人示教程序如下：

```
/JOB
//NAME B_M
//POS
///NPOS 45,0,0,0,0,0
///TOOL 0
///POSTYPE PULSE
///PULSE
C00000=-431,-100143,-76324,1092,1184,-171
C00001=-68225,57202,34135,-16,6603,-21060
C00002=-68203,59596,15355,-11,20207,-21257
C00003=-68202,61487,11857,-11,23459,-21258
```

C00004＝－68202,59596,15356,－11,20206,－21258
C00005＝－68226,57519,36837,－16,4975,－21061
C00006＝－433,－100142,－76323,1095,1181,－168
C00007＝－77841,39104,20382,－106,6693,－17513
C00008＝－77840,42915,－1946,－115,23352,－17494
C00009＝－77839,45635,－5899,－119,27316,－17490
C00010＝－77841,42916,－1948,－115,23352,－17493
C00011＝－77841,39104,20384,－105,6693,－17514
C00012＝－435,－100141,－76322,1096,1181,－166
C00013＝－89619,25031,6435,－220,8901,－12931
C00014＝－89619,30282,－14910,－245,25623,－12886
C00015＝－89619,33275,－18698,－257,29614,－12873
C00016＝－89619,30267,－14886,－245,25600,－12886
C00017＝－89619,25015,4796,－220,9977,－12928
C00018＝－435,－100141,－76322,1096,1181,－166
C00019＝－103118,15916,－2817,－345,10438,－7680
C00020＝－103118,21932,－23105,－388,26840,－7610
C00021＝－103118,25020,－26749,－407,30786,－7590
C00022＝－103118,21932,－23105,－388,26840,－7610
C00023＝－103118,15916,－2817,－345,10438,－7680
C00024＝－438,－100141,－76323,1099,1181,－164
C00025＝－117572,11870,－5846,－472,10351,－1762
C00026＝－117572,18334,－26841,－535,27443,－1662
C00027＝－117572,21303,－30228,－559,31158,－1636
C00028＝－117572,18343,－26855,－534,27457,－1662
C00029＝－117572,12085,－9677,－476,12992,－1749
C00030＝－435,－100141,－76322,1096,1181,－166
C00031＝－132550,13667,－9860,－303,13840,4291
C00032＝－132550,19951,－25967,－339,27612,4344
C00033＝－132550,22691,－29059,－353,31018,4359
C00034＝－132550,19951,－25966,－339,27611,4343
C00035＝－132550,13667,－9860,－303,13840,4291
C00036＝－435,－100141,－76322,1096,1181,－166
C00037＝29184,－40468,－38727,1199,5526,－11714
C00038＝82644,59314,44093,460,1139,15148
C00039＝82644,57696,34337,464,6786,15119
C00040＝82504,58238,22663,－103,14470,15217
C00041＝82641,57614,33363,463,7387,15117
C00042＝82641,58288,38925,460,4045,15134
C00043＝41117,－36097,－41625,－17,10527,31250
C00044＝－427,－100143,－76325,1093,1184,－169
//INST
///DATE 2015/06/16 10:04
///ATTR SC,RW
///GROUP1 RB1
NOP
MOVJ C00000 VJ＝12.00
DOUT OT＃(18) OFF
TIMER T＝0.50
DOUT OT＃(17) ON
'Open the door

```
PULSE OT # (19) T＝1.00
WAIT IN # (17)＝ON
TIMER T＝1.00
PULSE OT # (21) T＝1.00
TIMER T＝1.00
SET B080 B003
SET B003 0
'Pick up
JUMP LABEL：B080
＊130
'Pick up from buffer1
MOVJ C00001 VJ＝20.00
MOVL C00002 V＝500.0
MOVL C00003 V＝100.0
TIMER T＝1.00
DOUT OT # (17) OFF
TIMER T＝0.50
DOUT OT # (18) ON
WAIT IN # (23)＝ON
TIMER T＝0.50
MOVL C00004 V＝250.0
MOVJ C00005 VJ＝20.00
MOVJ C00006 VJ＝20.00
JUMP ＊PLACE
＊66
'Pick up from buffer2
…
JUMP ＊PLACE
＊34
'Pick up from buffer3
…
JUMP ＊PLACE
＊18
'Pick up from buffer4
…
JUMP ＊PLACE
＊10
'Pick up from buffer5
…
JUMP ＊PLACE
＊6
'Pick up from buffer6
…
＊PLACE
WAIT IN # (17)＝ON
MOVJ C00037 VJ＝15.00
MOVL C00038 V＝1000.0
MOVL C00039 V＝500.0
MOVL C00040 V＝100.0
TIMER T＝1.00
DOUT OT # (18) OFF
```

```
TIMER T=0.50
DOUT OT#(17) ON
WAIT IN#(24)=ON
MOVL C00041 V=250.0
MOVL C00042 V=500.0
MOVL C00043 V=1000.0
MOVJ C00044 VJ=20.00
PULSE OT#(22) T=1.00
PULSE OT#(20) T=1.00
WAIT IN#(20)=ON
WAIT IN#(18)=ON
*RETURN
SET B023 B080
RET
END
```

图 4-94（a）为机器人运行至缓冲区，抓取 1 号工位工件的操作，图 4-94（b）为机器人运行至加工中心机床，待抓取加工工件的操作。

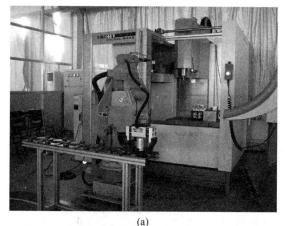

(a)

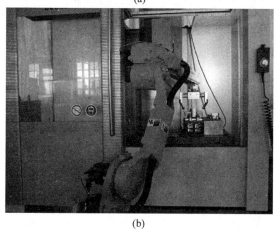

(b)

图 4-94 安川机器人在柔性制造系统上的应用（机床上/下料）

第九节　安川机器人的数据保护

一、概述

将机器人存储器上的程序、参数等文件备份到外存储器上是机器人数据保护的一项重要操作。用于安川机器人数据备份的外部设备一般有软盘驱动器、CF 存储卡等。而采用 CF 卡备份机器人数据具有操作方便、快捷等优点。下文重点介绍使用 CF 卡完成机器人数据保存与装载的方法。

1. CF 卡

CF 卡是 Compact Flash 的简称，可用于机器人数据的备份与恢复。使用前，将 CF 卡插入机器人示教盒。要先打开示教盒后面的盖子（图 4-95），注意插入的方向，方向不对时无法插入。

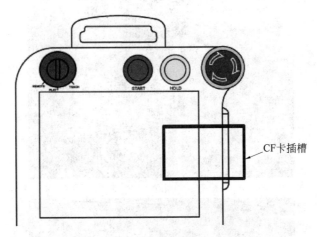

图 4-95　CF 卡插槽的位置

装 CF 卡的注意事项：
① 为了确保重要数据的安全，插拔 CF 卡要细心；
② 不要使 CF 卡受到大的冲击、振动或掉落；
③ 正在用 CF 卡安装或存储文件时，不要取出 CF 卡或切断电源，否则可能会使 CF 卡中数据丢失；
④ 为了防止 CF 卡中数据被破坏，重要的数据应在其他存储设备中进行备份。

2. 可保存数据一览

安川机器人可保存的数据分为 8 组，如图 4-96 所示。选择① "JOB" 可进行示教程序备份；选择② "FILE/GENERAL DATA" 可进行条件文件/通用数据的备份；选择③

"BATCH USER MEMORY"后，属于①、②的所有数据被汇总为一个文件来处理。注意：选择③、⑦、⑧后程序也一起被输入，但是被存入程序的程序信息界面中不显示完成，只有选择①时才显示。8组数据之间的包容层级关系，见表4-46。

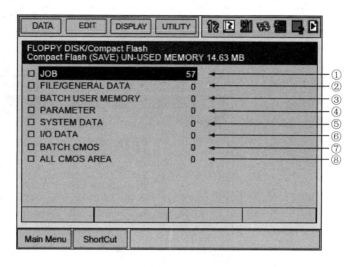

图 4-96　机器人数据画面

表 4-46　安川机器人可保存数据层级关系

可保存数据				保存后的文件名
⑧ 全部 CMOS 区域				ALCMSxx. HEX
	⑦ CMOS 部分			CMOSxx. HEX
		③ 用户存储区部分		JOBxx. HEX
		① 程序	单一程序	程序名称 . JBI
			关联程序（程序＋条件）	程序名称 . JBR
		② 条件文件/通用数据	举例：工具数据	TOOL. CND
			举例：焊机特性数据	WELDER. DAT
		④ 参数		ALL. PRM
		④ 参数	举例：机器人匹配参数	RC. PRM
			举例：伺服单元参数	SVS. PRM
		⑤ I/O 数据	举例：并行 I/O 程序	CIOPRG. LST
			举例：I/O 名称数据	IONAME. DAT
		⑥ 系统数据	举例：用户语言	UWORD. DAT
			举例：第二原点位置	HOME2. DAT
			举例：系统信息	SYSTEM. SYS

二、数据保存操作

数据保存是指将机器人数据备份至外部存储装置的过程。以"程序的保存"为例，操作步骤详见表4-47。

表 4-47　程序的保存

步骤	操 作 方 法	操 作 提 示
1	选择主菜单〔FD/PC CARD〕项	
2	选择子菜单〔SAVE〕	显示保存画面，如图 4-96 所示
3	选择〔JOB〕	显示程序一览画面，将光标移至待保存程序名： 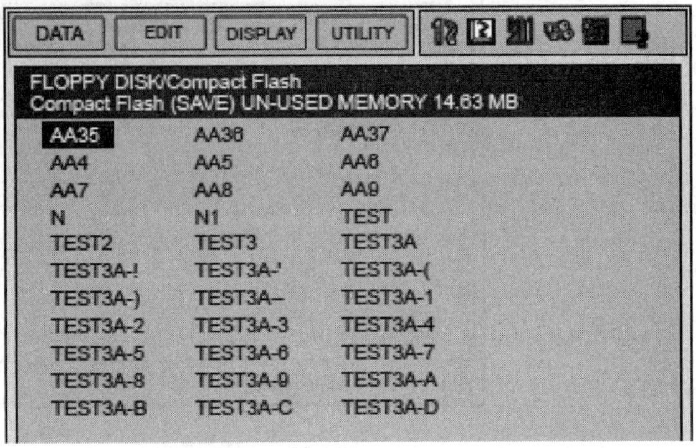 DATA　EDIT　DISPLAY　UTILITY FLOPPY DISK/Compact Flash Compact Flash (SAVE) UN-USED MEMORY 14.63 MB AA35　AA36　AA37 AA4　AA5　AA6 AA7　AA8　AA9 N　N1　TEST TEST2　TEST3　TEST3A TEST3A-!　TEST3A-'　TEST3A-(TEST3A-)　TEST3A--　TEST3A-1 TEST3A-2　TEST3A-3　TEST3A-4 TEST3A-5　TEST3A-6　TEST3A-7 TEST3A-8　TEST3A-9　TEST3A-A TEST3A-B　TEST3A-C　TEST3A-D
4	按〔SELECT〕键，选择要保存的程序：AA35	被选择的程序名前带"★"号： 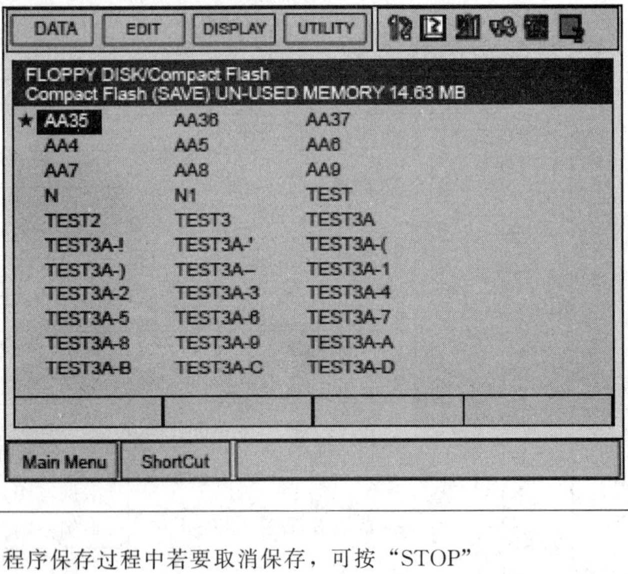 DATA　EDIT　DISPLAY　UTILITY FLOPPY DISK/Compact Flash Compact Flash (SAVE) UN-USED MEMORY 14.63 MB ★ AA35　AA36　AA37 AA4　AA5　AA6 AA7　AA8　AA9 N　N1　TEST TEST2　TEST3　TEST3A TEST3A-!　TEST3A-'　TEST3A-(TEST3A-)　TEST3A--　TEST3A-1 TEST3A-2　TEST3A-3　TEST3A-4 TEST3A-5　TEST3A-6　TEST3A-7 TEST3A-8　TEST3A-9　TEST3A-A TEST3A-B　TEST3A-C　TEST3A-D Main Menu　ShortCut
5	按〔ENTER〕键并确认，直至程序保存完成	程序保存过程中若要取消保存，可按"STOP"

三、数据装载操作

数据装载是指将外部存储装置里的数据传送至机器人控制器内的过程。以"程序的装载"为例，操作步骤详见表 4-48。

表 4-48　程序的装载

步骤	操 作 方 法	操 作 提 示
1	选择主菜单〔FD/PC CARD〕项	
2	选择子菜单〔LOAD〕	显示装载画面： （显示装载画面，内容如下） DATA　EDIT　DISPLAY　UTILITY FLOPPY DISK/Compact Flash Compact Flash (LOAD) UN-USED MEMORY 14.63 MB □ JOB　　　　　　　　57 □ FILE/GENERAL DATA　　0 □ BATCH USER MEMORY　0 □ PARAMETER　　　　0 □ SYSTEM DATA　　　0 □ I/O DATA　　　　0 □ BATCH CMOS　　　0 □ ALL CMOS AREA　　0 Main Menu　ShortCut　!Turn on servo power
3	选择〔JOB〕	显示程序选择画面： DATA　EDIT　DISPLAY　UTILITY FLOPPY DISK/Compact Flash Compact Flash (LOAD) UN-USED MEMORY 14.63 MB AA35　　AA36　　AA37 AA4　　AA5　　AA6 AA7　　AA8　　AA9 N　　N1　　TEST TEST2　　TEST3　　TEST3A TEST3A-!　TEST3A-'　TEST3A-(TEST3A-)　TEST3A--　TEST3A-1 TEST3A-2　TEST3A-3　TEST3A-4 TEST3A-5　TEST3A-6　TEST3A-7 TEST3A-8　TEST3A-9　TEST3A-A TEST3A-B　TEST3A-C　TEST3A-D Main Menu　ShortCut　!Turn on servo power
4	选择要装载的程序：AA35，AA36	被选择的程序名前带"★"号： DATA　EDIT　DISPLAY　UTILITY FLOPPY DISK/Compact Flash Compact Flash (LOAD) UN-USED MEMORY 14.63 MB ★AA35　★AA36　AA37 AA4　　AA5　　AA6 AA7　　AA8　　AA9 N　　N1　　TEST TEST2　　TEST3　　TEST3A TEST3A-!　TEST3A-'　TEST3A-(TEST3A-)　TEST3A--　TEST3A-1 TEST3A-2　TEST3A-3　TEST3A-4 TEST3A-5　TEST3A-6　TEST3A-7 TEST3A-8　TEST3A-9　TEST3A-A TEST3A-B　TEST3A-C　TEST3A-D Main Menu　ShortCut　!Turn on servo power

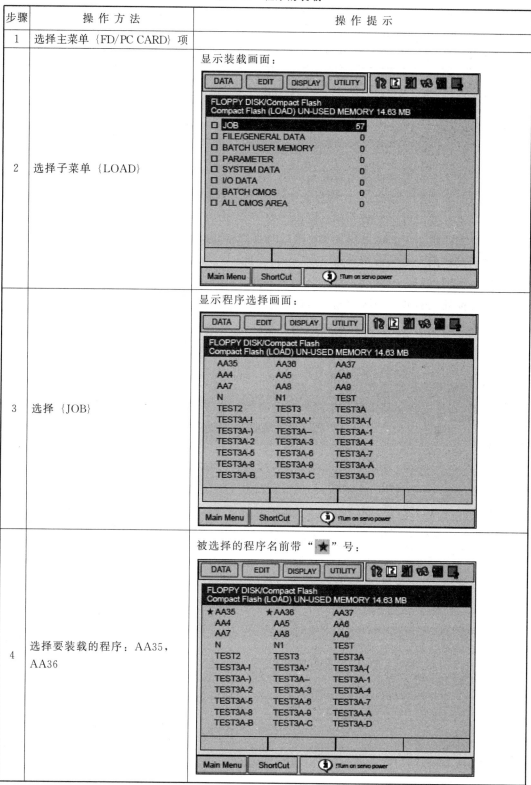

续表

步骤	操 作 方 法	操 作 提 示
5	按［ENTER］键并确认，直至程序装载完成	程序装载过程中若要停止装载，可按"STOP"

习题四

4.1　简述安川工业机器人的基本组成。

4.2　简述 NX100 示教盒操作界面包含的四大区域。

4.3　简述安川机器人的五种坐标系。

4.4　简述机器人工具坐标系与机械接口坐标系的区别与联系。

4.5　简述用户坐标系建立的原理。

4.6　何谓机器人的原点位置？简述安川机器人原点位置标定的情形。

4.7　简述机器人干涉区设置的目的。

4.8　安川机器人的安全模式分为哪几种？

4.9　简述安川机器人在线示教第一步与最后一步重合操作。

4.10　简述安川机器人示教位置更改的操作方法。

4.11　简述安川机器人用户变量的分类。

4.12　简述安川机器人数字键功能自定义的操作方法。

4.13　简述使用存储卡保存机器人程序的操作过程。

第五章

工业机器人的虚拟仿真

第一节　MotoSim EG 虚拟仿真软件简介

MotoSim EG 是一款专为安川 MOTOMAN 系列工业机器人开发的离线示教编程软件。利用 MotoSim EG 软件可在计算机上完成机器人作业程序的编制与模拟仿真。MotoSim EG 软件包含有绝大部分安川机器人现有的机型结构数据，因此便于对多种机器人进行操作编程。另外 MotoSim EG 软件还提供了 CAD 功能，使用人员可以将基本要素进行组合从而构造出各种工件和工作台，与机器人一起构成机器人系统，模拟真实的工作场景（图 5-1）。

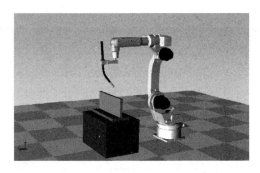

图 5-1　安川机器人虚拟仿真界面

MotoSim EG 仿真软件的操作流程主要分为：构建作业单元、选择与定位机器人、建立工件模块、将机器人单元与工件模块进行组合、机器人动作示教以及动作、运行时间和干涉检查等。

第二节　虚拟仿真环境的建立

一、建立虚拟仿真工作单元

按照以下步骤可建立机器人虚拟仿真工作单元。

（1）单击任务栏菜单｛开始｝，然后按｛所有程序｝→｛MOTOMAN｝→｛MotoSim EG｝→｛MotoSim EG｝即可启动 MotoSim EG 软件的运行。

（2）出现主窗口界面时，选择｛File｝菜单里的下拉菜单｛New Cel Project｝，新建一个仿真单元（New Cell Project）（图 5-2）。

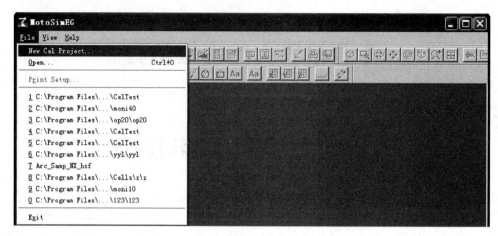

图 5-2　新建一个仿真单元

（3）出现新建单元对话框后，输入单元名称，将新建一个同名文件夹，单元文件（＊.cel）、参数数据、模型数据、作业数据等存入该文件夹内。例如：在"MotoSimEg＼Cells"文件夹下新建名为"CelTest"的单元（图 5-3）。

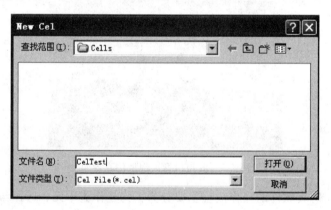

图 5-3　新建"CelTest"单元

（4）新建单元只有地板模型，可通过选择｛Robot｝菜单，然后单击｛Add Robot｝子菜单添加机器人模型（图 5-4）。

（5）在文件选择界面，选择机器人参数、工具数据等所在的文件夹。例如：从"＼ROBOTS＼NX100＼HP-Family"文件夹下选择"HP6-A00-MDL"，选择"All.prm"参数文件并打开（图 5-5）。

（6）指定参数文件后将显示"Install Robot"对话框，由于机器人模型与参数文件存在同一文件夹内，参数文件指定后，机器人名（Robot Name）将自动显示在输入框内。如果没有自动选择机器人模型文件，可单击"Model"按钮打开文件选择界面，然后选择

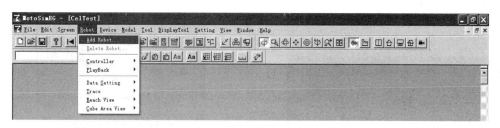

图 5-4　添加机器人模型

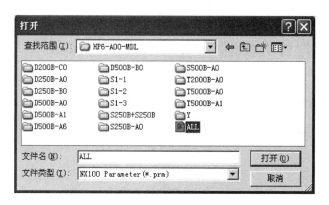

图 5-5　打开机器人参数文件

机器人模型。确认后完成机器人安装（图 5-6）。

（7）机器人登录正常完成时，机器人模型出现在新建单元的空间内。如果机器人的位置不对，可以参照后续步骤更改机器人位置（图 5-7）。

图 5-6　"Install Robot"机器人对话框

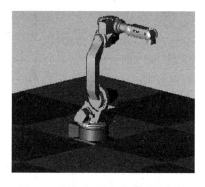

图 5-7　添加机器人完成后的场景

（8）单击工具栏 按钮，显示 CAD 树形选择框，选择"HP6-A00-MDL"后再单击"Pos"按钮可以对机器人所处的空间位置进行调整（图 5-8）。

（9）在位置对话框，机器人模型可移至任意位置，对于 HP6 机器人，从地板至机器人底面的高度为 450mm，因此在 Z（mm）下方的编辑框内输入"450"并确认。也可以单击 键或选择菜单 {Display Tool} → {Distance} 项测量与机器人地面之间的距离（图 5-9）。

图 5-8 CAD 树形选择框

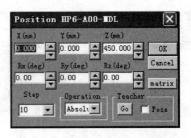

图 5-9 "HP6-A00-MDL"机器人位置调整对话框

二、创建虚拟仿真模型

1. 创建工作台与工件

创建工作台与工件的流程图如图 5-10 所示。

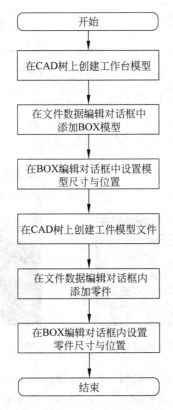

图 5-10 创建工件与工作台的流程图

创建工作台与工件 CAD 模型的步骤如下。

（1）创建的工件与工作台模型如图 5-11 所示。

工作台是长×深×高为 600×400×600 的长方体。工件由两块薄板组成，需要经过弧焊完成角焊缝的焊接。

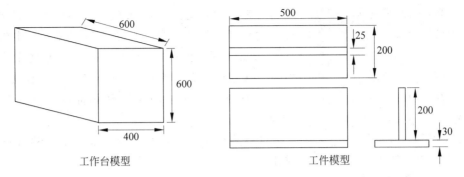

图 5-11　工件与工作台模型三维尺寸

（2）按下工具条按钮▣或单击〔Tool〕→〔CAD Tree〕。

（3）出现 Cad 树时，选择"world"，使之成为"父模型"；接着单击菜单〔File〕→〔New Model〕，或者直接单击"Add"按钮添加新模型（图 5-12）。

（4）在添加模型对话框内输入"STAND"再单击"OK"按钮（图 5-13）。

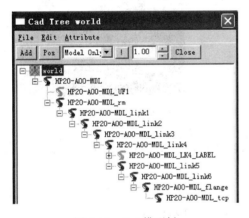

图 5-12　Cad 模型树

图 5-13　添加模型对话框

（5）"STAND"模型出现在 Cad 树上（图 5-14），将光标指向"STAND"并双击，将出现文件数据编辑对话框（图 5-15）。

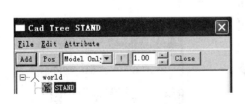

图 5-14　工作台（STAND）模型树

图 5-15　工作台文件数据编辑对话框

（6）从"Add Parts"组合框内选取"BOX"并添加，出现长方体编辑对话框"BOX Edit"（图 5-16），输入工作台的尺寸。对于添加完成的元件再次编辑时须单击"Edit"按

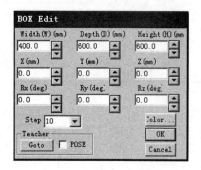

图 5-16　长方体工作台编辑（BOX EDIT）对话框

钮打开编辑对话框。在 BOX 编辑对话框内可以更改工作台的尺寸、位置、姿态与颜色等，图 5-16 中将宽设为 400mm，深 600mm，高 600mm。设置完成后单击"OK"按钮返回文件数据编辑对话框，接着在文件数据编辑对话框上单击"Close"按钮完成工作台模型的创建。

工作台的位置可在 Cad 树界面选中"STAND"后单击"Pos"按钮，显示位置对话框（图 5-17），将其中 X 坐标设为 1000mm，Z 坐标设为 300mm，其余值不变，更改后的模型如图 5-18 所示。

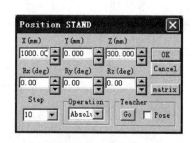

图 5-17　工作台（STAND）位置设置对话框

图 5-18　工作台（STAND）模型的创建

（7）创建工件模型时，将 Cad 树上的工作台模型（STAND）设为父模型，新建名为"WORK"的工件模型（图 5-19）。

（8）与工作台的位置设置方法类似，WORK 模型位置可在 Cad 树界面选中"WORK"后单击"Pos"按钮，显示位置对话框，将其中 Z 值设为 300mm，与工作台（STAND）上表面的 Z 坐标相同（图 5-20）。

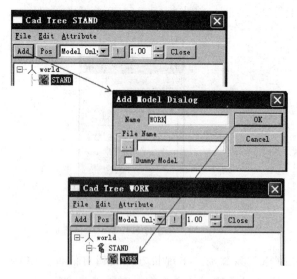

图 5-19　新建"WORK"工件模型

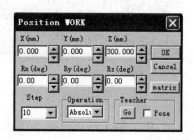

图 5-20　工件（WORK）位置设置对话框

（9）双击 WORK 模型，出现文件数据编辑对话框，从"Add Parts"组合框内选取"BOX"逐一添加下方与上方两工件。

下方工件尺寸设置［图 5-21（a）］：宽 200mm，深 500mm，高 30mm。由于下方工件高为 30mm，它的中心在 Cad 树 WORK 模型上方 15mm 处，因此将长方体 Z 向偏移设为 15mm，其余数值不变。

上方工件尺寸设置［图 5-21（b）］：宽 25mm，深 500mm，高 200mm。由于上方工件高 200mm，它的中心在 Cad 树 WORK 模型上方 130mm 处，因此将长方体 Z 向偏移设为 130mm，其余数值不变。

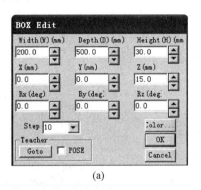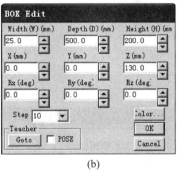

（a）　　　　　　　　　　　　　　　（b）

图 5-21　长方体（BOX）工件（WORK）编辑对话框

（10）设置完成后的机器人与环境物模型如图 5-22 所示。

2. 编辑工具数据

以"弧焊焊枪"为例说明如何编辑工具数据。

（1）选择菜单〔Robot〕 → 〔Data Setting〕 → 〔Tool Data〕（图 5-23），打开工具编辑（TOOL Editor）对话框。

（2）出现工具编辑对话框后，从组合框内选取工具号 Tool＝0；接着设置工具坐标数据，相对于法兰坐标系的坐标值，Z 坐标设为 395mm，Ry 设为−35°，其余值为 0（图 5-24）。

图 5-22　机器人与环境物模型

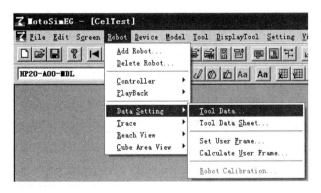

图 5-23　工具数据（Tool Data）菜单

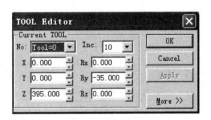

图 5-24　工具坐标系设置

133

3．添加工具模型

有两种添加工具模型的方法：读入 HSF 格式的工具模型文件、应用 MotoSim EG 软件的 CAD 功能创建工具模型。

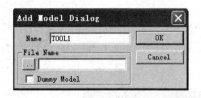

图 5-25　添加工具模型对话框

方法一：读入 HSF 格式的工具模型文件。

（1）打开 Cad 树后选择"HP20-A00-MDL _ tcp"，然后单击"Add"按钮显示添加模型对话框，在对话框 Name 右侧编辑框内输入工具名：TOOL1（图 5-25）。

（2）单击文件名组合框内"…"按钮，打开"MODELS"→"Torch"文件夹，选择"Torch. hsf"文件，并确定（图 5-26 和图 5-27）。

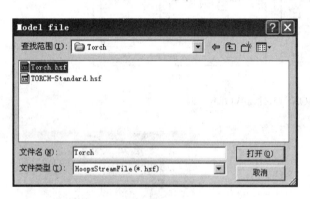

图 5-26　选择"Torch. hsf"文件

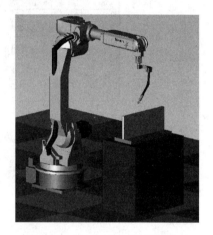

图 5-27　添加工具后的模型场景

方法二：应用 MotoSim EG 软件的 CAD 功能创建工具模型。创建流程如图 5-28 所示。

（1）显示 Cad 树创建"TOOL"工具模型。将光标指向"HP20-A00-MDL _ tcp"，添加名为 TOOL 的模型，使其父模型为"HP20-A00-MDL _ tcp"。如果父模型设置不正确，可以选择菜单〈Attribute〉→〈Parent Change〉更改（图 5-29）。

（2）工具模型的尺寸如图 5-30 所示。

（3）双击"TOOL"模型，在文件数据编辑框内添加零件。工具模型包括两个长方体模型与两个圆柱体模型，假设这四个零件分别为 A，B，C 与 D。长方体（BOX）的位置是其中心相对于法兰坐标系的坐标值。圆柱体（Cylinder）的位置是其底面中心相对于法兰坐标系的坐标值。根据图 5-30 确定四个零件的尺寸与空间位置与姿态，见表 5-1～表 5-4。

表 5-1　零件 A 的尺寸与位置设置

尺寸	宽（mm）	70	深（mm）	70	高（mm）	80
位置	X（mm）	0	Y（mm）	0	Z（mm）	40
姿态	Rx（°）	0	Ry（°）	0	Rz（°）	0

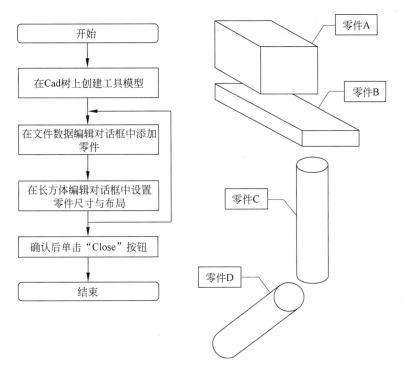

图 5-28　工具模型创建流程图

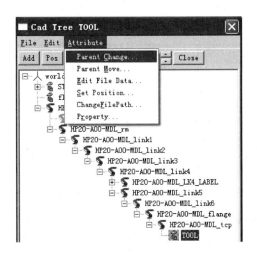

图 5-29　创建"TOOL"工具模型

表 5-2　零件 B 的尺寸与位置设置

尺寸	宽（mm）	150	深（mm）	70	高（mm）	20
位置	X（mm）	40	Y（mm）	0	Z（mm）	90
姿态	Rx（°）	0	Ry（°）	0	Rz（°）	0

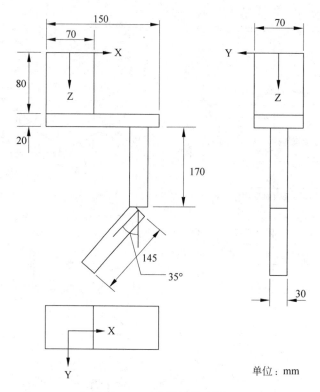

图 5-30　工具模型尺寸图

表 5-3　零件 C 的尺寸与位置设置

尺寸	宽（mm）	30	深（mm）	170	高（mm）	30
位置	X（mm）	80	Y（mm）	0	Z（mm）	100
姿态	Rx（°）	0	Ry（°）	0	Rz（°）	0

表 5-4　零件 D 的尺寸与位置设置

尺寸	宽（mm）	30	深（mm）	145	高（mm）	30
位置	X（mm）	80	Y（mm）	0	Z（mm）	270
姿态	Rx（°）	0	Ry（°）	−35	Rz（°）	0

（4）所有零件添加完成后，检查工具模型（图 5-31），然后单击"Close"按钮退出文件数据编辑对话框。

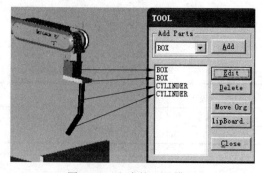

图 5-31　生成的工具模型

第三节　虚拟示教编程

机器人虚拟示教，以弧焊操作为例，其流程如图 5-32 所示。

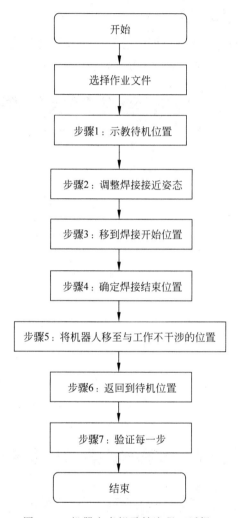

图 5-32　机器人虚拟示教流程（弧焊）

一、编写示教程序

1. 选择与创建作业程序

在示教操作前，按图 5-33 选择机器人作业，出现作业选择界面后（图 5-34），已有的程序出现在程序列表窗口。为了创建新的作业程序（guide.JBI），可在编辑框内输入文件名 guide，并单击"OK"按钮确认。

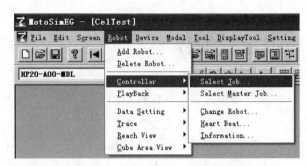

图 5-33　选择机器人作业程序操作

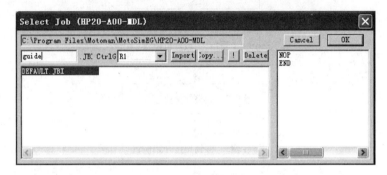

图 5-34　创建新作业程序

2. 待机位置示教

机器人待机位置的虚拟示教操作步骤如下。

（1）打开示教对话框

安川机器人虚拟示教是通过示教对话框完成的，其功能类似于机器人示教盒。一般示教操作前须先打开机器人示教对话框，打开示教对话框的方法有两种：方法一是直接单击工具栏 圖 按钮；方法二是通过菜单选择，如图 5-35 所示。

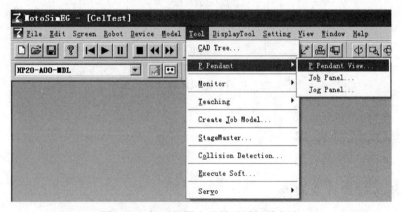

图 5-35　打开机器人示教对话框的方法

打开后的示教对话框如图 5-36 所示，主要按键的功能说明如下。

a 为手动操作时选择的坐标系，其中 Link 表示关节坐标系，Rect 表示机器人直角坐标系，Tool 表示工具坐标系，User 表示用户坐标系；b 为手动操作时选择的用户坐标系编号；c 为将坐标系切换至使用手动操作外部轴；d 为将光标移至当前机器人位置对应的程序步；e 为移动类指令的显示与编辑；f 为离线编程辅助功能；g 为机器人型号；h 为手动控制轴按键；i 为示教程序删除（Del）、添加（Add）与修改（Mod）按键；j 为手动速度控制按键，Fast 为高速，Med 为中速，Slow 为低速；m 为显示机器人当前位置；n 为关闭示教对话框。

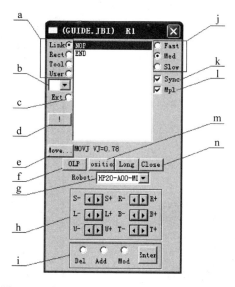

图 5-36　安川机器人虚拟示教对话框显示界面

（2）将机器人移至待机位置

利用轴的手动控制按键 ◀ ▶ 将机器人移至待机位置。为了保持机器人手腕部姿态不变，可将坐标系切换至直角坐标系（Rect），然后按 X 向的轴控制键移动机器人至图 5-37 所示待机位置。

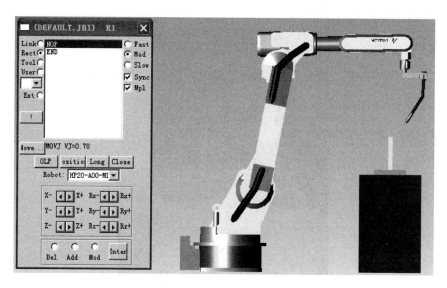

图 5-37　机器人待机位置

（3）移动类指令的编辑

单击"Move"按钮显示插补指令对话框（图5-38），从组合框中选择移动指令类型MOVJ（关节插补）与移动速度（100％），位置等级保持为None（图5-38）。

（4）添加、删除或修改指令

单击单选按钮"Add"，并按［Enter］键，完成待机位置（第1步）的示教，如图5-39所示。

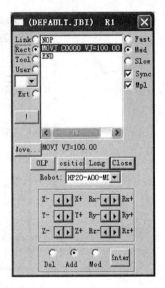

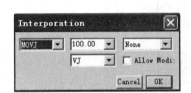

图5-38　关节插补指令　　　　　　　图5-39　机器人待机位置的示教

3. 调整焊接工具接近工件的位姿

利用轴的手动控制按键 ◀▶ 调整机器人的位姿并使机器人焊接工具（TCP）点接近焊接起始的位置（第2步），如图5-40所示。

图5-40　焊接工具接近工件的位姿

4. 示教焊接起始点

（1）在 CAD 树目录下定义 AXIS6，双击添加 AXIS6 对象，索引 1（Index 1）定义为焊接起始位置，如图 5-41 所示。

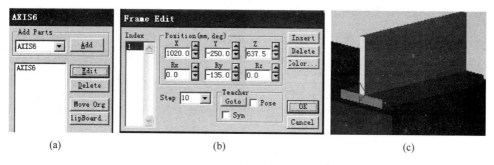

(a)	(b)	(c)

图 5-41　定义焊接起始位置（Index 1）

（2）单击示教对话框上的"OLP"按钮或单击工具条上的 按钮将显示 OLP（Offline Programming）对话框（图 5-42）。

（3）执行以下操作可将机器人 TCP 快速定位至焊接起始点：在 Pick type 中选 "Vertex"项，Pick Object 中勾选"Frame"复选框，Operation Obj 中选"Robot _ Tool"项，最后勾选"OLP Pick"复选框，如图 5-42 所示。

（4）在 AXIS6 索引 1 位置处按下鼠标，机器人焊接工具中心点（TCP）将定位至焊接起始位置（图 5-43），如果由于刀具角度问题而与工件发生碰撞，可用示教对话框调整机器人的姿态并重新定位。

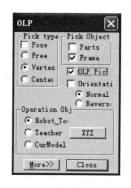

图 5-42　OLP 操作对话框的设置

图 5-43　定位至焊接起始位置

（5）单击"Move"按钮显示插补指令对话框，设置 MOVJ 指令，25％的最大关节运动速度（图 5-44），按［Enter］键确认输入（第 3 步）。

5. 示教焊接结束点

（1）在 CAD 树目录下打开 AXIS6，将索引 2（Index 2）定义为焊接结束位置，与索引 1 相比，Y 坐标改变为 250.0，其他值保持不变，如图 5-45 所示。

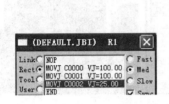

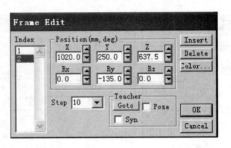

图 5-44　焊接起始位置的示教　　　　图 5-45　定义焊接结束位置（Index 2）

（2）在 AXIS6 索引 2 位置处按下鼠标，机器人焊接工具中心点（TCP）将定位至焊接结束位置（图 5-46）。

图 5-46　定位至焊接结束位置

（3）单击示教对话框上的"Move"按钮，显示插补指令。选择 MOVL 直线插补类型，插补速度为 93mm/s（图 5-47）。

（4）按［Enter］键插入直线移动步（第 4 步）（图 5-48）。

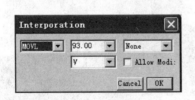

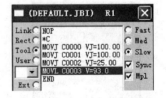

图 5-47　直线插补指令　　　　　　　图 5-48　插入直线移动步

6. 示教焊接回退位置

（1）使用轴手动控制键 ◀▶ 将机器人移至不与工件外侧干涉的某位置（工具回退位置），如图 5-49 所示。

（2）单击"Move"按钮显示插补指令对话框，设置 MOVJ 指令，速度为最大关节速度的 50%，按［Enter］键确认输入（第 5 步）。

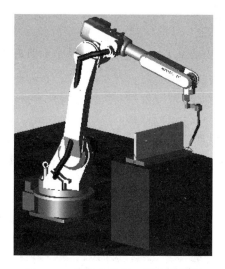

图 5-49 机器人移至工具回退位置

7. 回到待机位置

（1）在"Sync"复选框勾选的情形下，将光标移至第 1 步程序段，机器人也将同时移至第 1 步示教时的位置（图 5-50）。

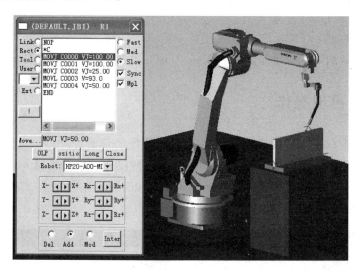

图 5-50 机器人移至第 1 步示教点的位置

（2）清除"Sync"复选框，再将光标移至第 5 步。

（3）单击"Move"按钮显示插补指令对话框，设置 MOVJ 指令，速度为最大关节速度的 100%，按［Enter］键确认输入。

（4）按［Enter］键确认第 6 步的输入，同时实现了第 6 步与第 1 步的重合操作（图 5-51）。

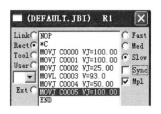

图 5-51 第 6 步示教编程

8. 验证每一步的位置

在"Sync"复选框勾选的情况下，将光标移至程序步即可验证示教位置的正确性。

9. 作业编辑

（1）作业步修改

① 单击"Move"按钮出现插补对话框，勾选"Allow Modif."前的复选框并确认。

② 在示教对话框界面，将光标指向待修改的程序步，选择"Mod"单选按钮，并按［Enter］键确认。

（2）修改或添加指令

① 将光标指向待修改或添加的程序步，双击后出现作业编辑对话框（图 5-52）。

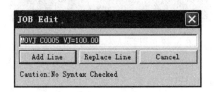

图 5-52　作业编辑对话框

② 在作业编辑对话框输入指令然后单击"Replace Line"（替换程序行）或"Add Line"（添加程序行）。

（3）删除指令

将光标指向待删除的程序步，然后选择"Del"单选按钮，并按［Enter］键确认。

二、程序再现操作

（1）按下主窗口工具栏按钮 ◄◄，光标将移至程序的开始行。

（2）按下作业执行按钮 ►，执行示教程序的回放操作并检验机器人的移动情况。

（3）当再现操作完成时，机器人移动时间和再现时间将显示在图 5-53 所示对话框中，可单击"OK"按钮关闭。

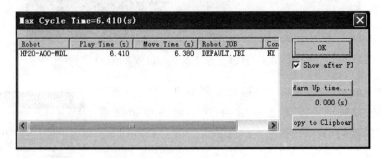

图 5-53　机器人移动时间和再现时间对话框

习题五

5.1　试在虚拟机器人 HP20-A00-MDL 法兰端创建如图 5-54 所示的手爪模型（单位：mm）。

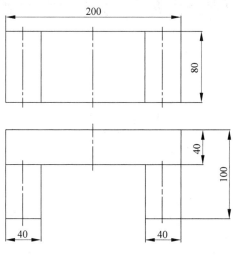

图 5-54　题 5.1 图

5.2　综合应用平移、控制、移动类指令实现厚度为 100mm 工件的码垛编程，工件共堆放六层（图 5-55）。

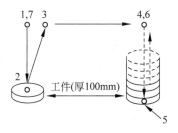

图 5-55　题 5.2 图

附录 A

安川机器人基本指令一览表

1. 移动指令

表 A-1 移动指令

MOVJ	功能	以关节插补方式移动到示教位置	
	附加项	位置数据，基座轴位置数据，工装轴位置数据	画面中不显示
		VJ＝＜再现速度＞	VJ：0.01％～100.00％
		PL＝＜位置等级＞	PL：0～8
		NWAIT	
		UNTIL 条件	
		ACC＝（加速度调整比率）	ACC：20％～100％
		DEC＝（减速度调整比率）	DEC：20％～100％
	使用举例	MOVJ VJ＝50.00 PL＝2 NWAIT UNTIL IN＃（16）＝ON	
MOVL	功能	以直线插补方式移动到示教位置	
	附加项：未列出项与 MOVJ 附加项相同	V＝＜再现速度与＞ VR＝＜姿态的再现速度＞ VE＝＜外部轴的再现速度＞	V：0.1～1500.0mm/s； 1～9000.0cm/min VR：0.1～180.0度/秒 VE：0.01％～100.00％
		CR＝（圆角半径）	CR：1.0～6553.5mm
	使用举例	MOVL V＝138 PL＝0 NWAIT UNTIL IN＃（16）＝ON	
MOVC	功能	以圆弧插补方式移动到示教位置	
	附加项：未列出项与 MOVJ 附加项相同	V＝＜再现速度与＞ VR＝＜姿态的再现速度＞ VE＝＜外部轴的再现速度＞	与 MOVL 相同
	使用举例	MOVC V＝138 PL＝0 NWAIT	
MOVS	功能	以样条曲线插补方式移动到示教位置	
	附加项：未列出项与 MOVJ 附加项相同	V＝＜再现速度与＞ VR＝＜姿态的再现速度＞ VE＝＜外部轴的再现速度＞	与 MOVL 相同
	使用举例	MOVS V＝120 PL＝0	

续表

IMOV	功能	从当前位置起以直线插补方式移动所设定的增加部分	
	附加项：未列出项与 MOVJ 附加项相同	P＜变量号＞，BP＜变量号＞，EX＜变量号＞	
		V＝＜再现速度与＞ VR＝＜姿态的再现速度＞ VE＝＜外部轴的再现速度＞	与 MOVL 相同
		指定坐标系：BF，RF，TF，UF♯（＜用户坐标号＞）	BF：基座坐标系 RF：机器人坐标系 TF：工具坐标系 UF：用户坐标系
	使用举例	IMOV P000 V＝138PL＝1RF	
REFP	功能	设定摆动壁点等参考点	
	附加项	＜参考点号＞	摆动壁点 1：1 摆动壁点 2：2
	使用举例	REFP 1	
SPEED	功能	设定再现速度	
	附加项	VJ＝＜关节速度＞，V＝＜控制点 TCP 速度＞ VR＝＜姿态角速度＞，VE＝＜外部轴速度＞	VJ：同 MOVJ V，VR，VE：同 MOVL
	使用举例	SPEED VJ＝50.00	

2. 输入/输出（I/O）指令

表 A-2　输入/输出指令

DOUT	功能	进行外部输出信号的 ON/OFF 控制	
	附加项	OT♯（＜输出号＞），OGH♯（＜输出组号＞） OG♯（＜输出组号＞） 输出信号的地址数： OT♯（xx）＝1；OGH♯（xx）＝4（每组）；OG♯（xx）＝8（每组） OGH♯（xx）无奇偶性校验，只进行二进制指定	
	使用举例	DOUT OT♯（12）ON	
PULSE	功能	输出脉冲信号，作为外部输出信号	
	附加项	OT♯（＜输出号＞），OGH♯（＜输出组号＞） OG♯（＜输出组号＞）	
		T＝＜时间（秒）＞	0.01～655.35 秒 无特殊指定为 0.30 秒
	使用举例	PULSE OT♯（10）T＝0.60	

DIN	功能	把输入信号读入变量中	
	附加项	B＜变量号＞	
		IN＃（＜输入号＞）	
		IGH＃（＜输入组号＞）	
		IG＃（＜输入组号＞）	
		OT＃（＜通用输出号＞）	
		OGH＃（＜输出组号＞）	
		OG＃（＜输出组号＞）	
		SIN＃（＜专用输入号＞）	
		SOUT＃（＜专用输出号＞）	
		输入信号地址数：	
		IN＃（xx）＝1；IGH＃（xx）＝4（每组）	
		IG＃（xx）＝8（每组）	
		输出信号地址数：	
		OT＃（xx）＝1；OGH＃（xx）＝4（每组）	
		OG＃（xx）＝8（每组）	
		IGH＃（xx）and OGH＃（xx）无奇偶性校验，只进行二进制指定	
	使用举例	DIN B016 IN＃（16） DIN B002 IG＃（2）	
WAIT	功能	待机，至外部输入信号与指定状态相符	
	附加项	IN＃（＜输入号＞）	
		IGH＃（＜输入组号＞）	
		IG＃（＜输入组号＞）	
		OT＃（＜通用输出号＞）	
		OGH＃（＜输出组号＞）	
		SIN＃（＜专用输入号＞）	
		SOUT＃（＜专用输出号＞）	
		＜状态＞，B＜变量号＞	
		T＝＜时间（秒）＞	0.01～655.35 秒
	使用举例	WAIT IN＃（12）＝ON T＝10.00 WAIT IN＃（12）＝B002	
AOUT	功能	向通用模拟输出口输出设定电压值	
	附加项	AO＃（＜输出口号码＞）	1～40
		＜输出电压（V）＞	−14.0～14.0
	使用举例	AOUT AO＃（2）12.7	

3. 控制指令

表 A-3　控制指令

JUMP	功能	跳转到指定标号或程序	
	附加项	＊＜标号字符串＞，JOB：＜程序名称＞	
		IG＃（＜输入组号＞）	
		B＜变量号＞	
		I＜变量号＞，D＜变量号＞	
		UF＃（用户坐标号）	
		IF 条件	
	使用举例	JUMP JOB：TEST1 IF IN＃（14）＝OFF	

续表

* （标号）	功能	表示跳转目的地	
	附加项	＜跳转目的地＞	半角 8 个字符之内
	使用举例	＊123	
CALL	功能	调出所指定的程序	
	附加项	JOB：＜程序名称＞，IG♯（＜输入组号＞） B＜变量号＞，I＜变量号＞ D＜变量号＞	
		UF♯（用户坐标号）	
		IF 条件	
	使用举例	CALL JOB：TEST1 IF IN♯（24）＝ON CALL IG♯（2） （使用输入信号的结构进行程序调用。此时不能调 用程序 0）	
RET	功能	被调用程序返回调用源程序	
	附加项	IF 条件	
	使用举例	RET IF IN♯（12）＝OFF	
END	功能	宣布程序结束	
	使用举例	END	
NOP	功能	无任何运行	
	使用举例	NOP	
TIMER	功能	在指定时间内停止动作	
	附加项	T＝＜时间（秒）＞	0.01～655.35 秒
	使用举例	TIMER T＝12.50	
IF 条件	功能	判断各种条件。附加在进行处理的其他命令之后使用 格式：＜比较要素 1＞＝，＜＞，＜＝，＞＝，＜，＞＜比较要素 2＞	
	附加项	＜比较要素 1＞	
		＜比较要素 2＞	
	使用举例	JUMP ＊12 IF IN♯（12）＝OFF	
UNTIL 条件	功能	在动作中判断输入条件。附加在进行处理的其他命令之后使用	
	附加项	IN♯（＜输入号＞）	
		＜状态＞	
	使用举例	MOVL V＝300 UNTIL IN♯（10）＝ON	
PAUSE	功能	通知暂停	
	附加项	IF 条件	
	使用举例	PAUSE IF IN♯（12）＝OFF	
' （注释）	功能	表示注释	
	附加项	＜注释＞	半角 32 个字符以内
	使用举例	'Draws 100mm size square.	

4．平移指令

表 A-4　平移指令

SFTON	功能	开始平移动作	
	附加项	P＜变量号＞ BP＜变量号＞ EX＜变量号＞ BF，RF，TF UF♯（＜用户坐标号＞）	BF：基座坐标 RF：机器人坐标 TF：工具坐标 UF：用户坐标
	使用举例	SFTON P001 UF♯（1）	
SFTOF	功能	停止平移动作	
	使用举例	SFTOF	
MSHIFT	功能	在指定的坐标系中，用数据 2 和数据 3 算出平移量，保存在数据 1 中 格式：MSHIFT ＜数据 1＞＜坐标＞＜数据 2＞＜数据 3＞	
	附加项	数据 1	PX＜变量号＞
		BF，RF，TF，UF♯（＜用户坐标号＞），MTF	MTF：主侧工具坐标
		数据 2	PX＜变量号＞
		数据 3	PX＜变量号＞
	使用举例	MSHIFT PX000 RF PX001 PX002	

5．运算指令

表 A-5　运算指令

名称	功　　能	举　　例
ADD	把数据 1 与数据 2 相加，结果存入数据 1 格式：ADD＜数据 1＞＜数据 2＞	ADD I012 I013
SUB	数据 1 减去数据 2，结果存入数据 1 格式：SUB＜Data1＞＜Data2＞	SUB I012 I013
MUL	把数据 1 与数据 2 相乘，结果存入数据 1 格式：MUL＜数据 1＞＜数据 2＞	例 1：MUL I012 I013 例 2：MUL P000（3）2 功能：Z 轴数据与 2 相乘
DIV	把数据 1 用数据 2 去除，结果存入数据 1 格式：DIV＜数据 1＞＜数据 2＞	例 1：DIV I012 I013 例 2：DIV P000（3）2 功能：Z 轴数据被 2 除
INC	在指定的变量值上加 1	INC I043
DEC	从指定的变量值上减 1	DEC I043
AND	取得数据 1 和数据 2 的逻辑与，结果存入数据 1 格式：AND＜数据 1＞＜数据 2＞	AND B012 B020
OR	取得数据 1 和数据 2 的逻辑或，结果存入数据 1 格式：OR＜数据 1＞＜数据 2＞	OR B012 B020
NOT	取得数据 1 和数据 2 的逻辑非，结果存入数据 1 格式：NOT＜数据 1＞＜数据 2＞	NOT B012 B020

续表

名称	功　　能	举　　例
XOR	取得数据 1 和数据 2 的逻辑异或，结果存入数据 1 格式：XOR＜数据 1＞＜数据 2＞	XOR B012 B020
SET	在数据 1 中设定数据 2 格式：SET＜数据 1＞＜数据 2＞	SET I012 I020
SETE	给位置变量中的元素设定数据	SETE P012（3）D005
GETE	取出位置变量的元素	GETE D006 P012（4）
GETS	给所指定的变量设定系统变量	GETS B000 ＄B000 GETS I001 ＄I［1］ GETS PX003 ＄PX001
CNVRT	把数据 2 的位置型变量，转换为所指定坐标系的位置型变量，存入数据 1 格式：CNVRT＜数据 1＞＜数据 2＞＜坐标＞	CNVRT PX000 PX001 BF
CLEAR	将数据 1 指定的号码后面的变量清除为 0，清除变量个数由数据 2 指定 格式：CLEAR＜数据 1＞＜数据 2＞	CLEAR B000 ALL CLEAR STACK
SIN	取数据 2 的 SIN，存入数据 1 格式：SIN＜数据 1＞＜数据 2＞	SIN R000 R001
COS	取数据 2 的 COS，存入数据 1 格式：COS＜数据 1＞＜数据 2＞	COS R000 R001
ATAN	取数据 2 的 ATAN，存入数据 1 格式：ATAN＜数据 1＞＜数据 2＞	ATAN R000 R001
SQRT	取数据 2 的平方根，存入数据 1 格式：SQRT＜数据 1＞＜数据 2＞	SQRT R000 R001
MFRAME	给出三点的位置数据，创建一个用户坐标 ＜数据 1＞定义坐标原点（ORG）的位置数据 ＜数据 2＞定义 X 轴上的一点（XX）的位置数据 ＜数据 3＞定义 XY 平面上的一点（XY）的位置数据 格式：MFRAME ＜用户坐标＞＜数据 1＞＜数据 2＞＜数据 3＞	MFRAME UF＃（1）PX000 PX001 PX002
MULMAT	取得数据 2 和数据 3 的矩阵积，结果存入数据 1 格式：MULMAT ＜数据 1＞＜数据 2＞＜数据 3＞	MULMAT P000 P001 P002
INVMAT	取得数据 2 的逆矩阵，结果存入数据 1 格式：INVMAT ＜数据 1＞＜数据 2＞	INVMAT P000 P001
GETPOS	把数据 2（程序点序号）的位置数据存入数据 1	GETPOS PX000 STEP＃（1）
VAL	把数据 2 由字符串表示的数值（ASCII）变换成实际的数值，存入数据 1 格式：VAL ＜数据 1＞＜数据 2＞	VAL B000 "123"
ASC	取出数据 2 的字符串（ASCII）中第一个字符的字符码，结果存入数据 1 格式：ASC＜数据 1＞＜数据 2＞	ASC B000 "ABC"

名称	功　能	举　例
CHR＄	取得数据 2 的字符码的字符（ASCII），结果存入数据 1 格式：CHR＄＜数据 1＞＜数据 2＞	CHR＄ S000 65
MID＄	从数据 2 的字符串（ASCII）中，取出任意长度（数据 3，4）的字符串（ASCII），结果存入数据 1 格式：MID＄＜数据 1＞＜数据 2＞＜数据 3＞＜数据 4＞	MID＄ S000 "123ABC456" 4 3
LEN	取得数据 2 的字符串的合计字节数，把结果存入数据 1 格式：LEN＜数据 1＞＜数据 2＞	LEN B000 "ABCDEF"
CAT＄	把数据 2 和数据 3 的字符串（ASCII）合并，存入数据 1 格式：CAT＄＜数据 1＞＜数据 2＞＜数据 3＞	CAT＄ S000 "ABC" "DEF"

附录 B

搬运机器人（HANDLING）用户 I/O 信号的分配

1. 输入/输出（I/O）接线

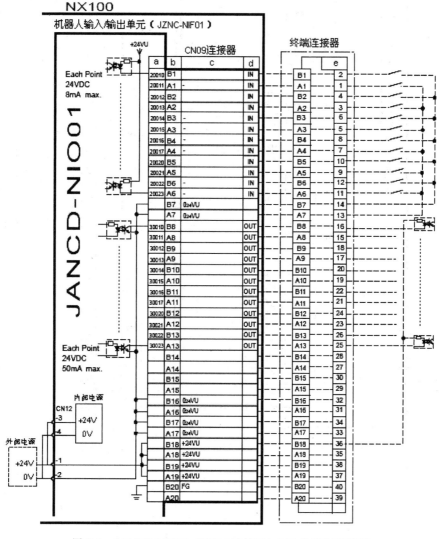

图 B-1　JANCD-NIO01（CN09 连接器）I/O 分配与连接图

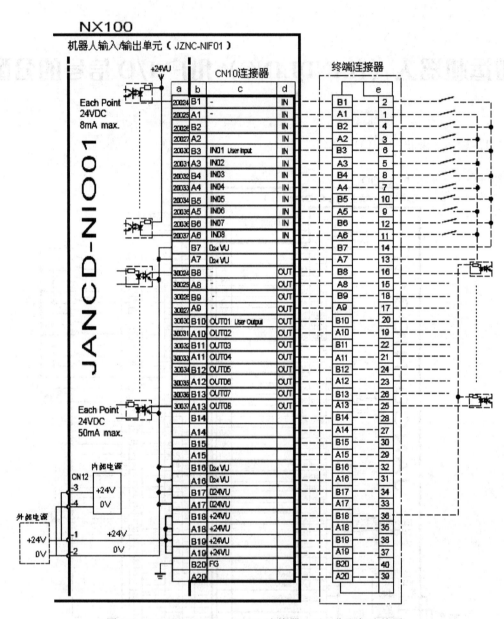

图 B-2　JANCD-NIO01（CN10 连接器）I/O 分配与连接图

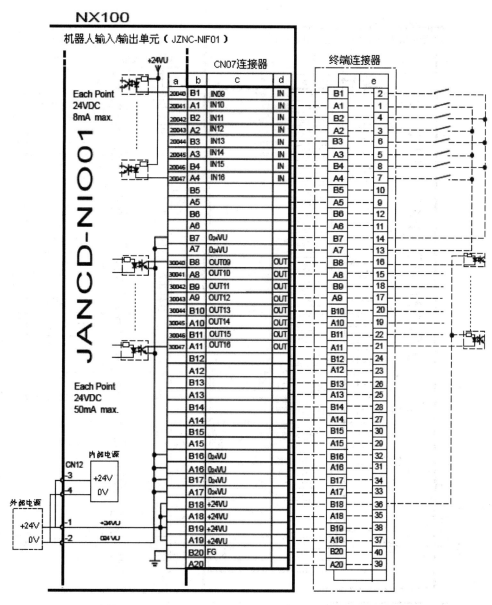

图 B-3 JANCD-NIO01（CN07 连接器）I/O 分配与连接图

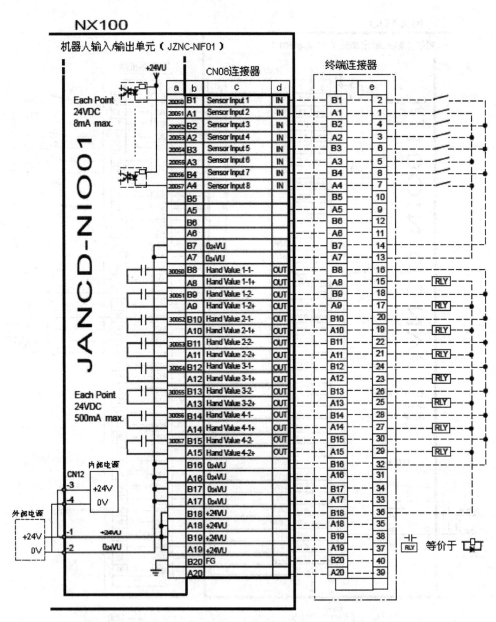

a—逻辑号；b—连接器号；c—信号名称；d—信号（IN：输入，OUT：输出）；e—终端号

图 B-4　JANCD-NIO01（CN08 连接器）I/O 分配与连接图

注：当使用外部供电时，移除 CN12-1 与 CN12-3 及 CN12-2 与 CN12-4 之间的跳线。

2. 系统输入信号列表

表 B-1　系统输入信号列表

序号	逻辑号	输入信号名称	功　　能
1	20010	外部启动	与按下示教盒上［START］按钮的功能相同。信号的上升沿有效，它将启动机器人的再现（回放）操作。当外部启动禁止时此信号无效
2	20012	调用主程序	信号的上升沿有效，此信号回放再现操作时有效
3	20013	报警/错误复位	当产生报警或错误的原因更正后，此信号用于报警或错误的复位
4	20020	干涉区 1 禁入	在机器人试图进入干涉区 1 时接通此信号，机器人将处于等待状态，该信号断开时机器人又将重新启动
5	20021	干涉区 2 禁入	在机器人试图进入干涉区 2 时接通此信号，机器人将处于等待状态，该信号断开时机器人又将重新启动
6	20026	工具碰撞传感器	此信号正常为 ON，发生碰撞时为 OFF，机器人暂停运行，并出现信息提示：HAND TOOL SHOCK SENSOR OPERATING
7	20027	气压低	此信号正常为 OFF，一旦接通（ON），将出现用户报警
8	20050～20057	传感器输入：1～8	传感器 1～8 输入对应于 HSEN 1～8 编程指令

3. 系统输出信号列表

表 B-2　系统输出信号列表

序号	逻辑号	输出信号名称	功　　能
1	30010	运行	此信号表明机器人作业正在运行中，与机器人示教盒上的［START］状态相同
2	30011	伺服接通	此信号表明伺服电源接通（ON），当伺服电源关断时该信号关断（OFF）
3	30012	主程序的开始	此信号表明程序执行的位置位于程序的顶部。此信号可用来确认主程序已被调用
4	30013	发生报警/错误	此信号表明出现了报警或错误。如果出现主要错误，此信号保持 ON 直至主电源关断
5	30014	电池报警	此信号接通表明绝对位置编码器电池电压低，需要进行更换
6	30015	远程模式选择	此信号表明当前设置的模式为远程模式。此信号与示教盒上的模式选择开关信号同步
7	30016	再现模式选择	此信号表明当前设置的模式为再现模式。此信号与示教盒上的模式选择开关信号同步
8	30017	编辑模式选择	此信号表明当前设置的模式为编辑模式。此信号与示教盒上的模式选择开关信号同步
9	30020	在方形区域 1 内	当刀具中心点（TCP）位于预定义的方形区域 1 内时，此信号接通（ON），用此信号防止与其他机器人或定位机构发生干涉

序号	逻辑号	输出信号名称	功 能
10	30021	在方形区域 2 内	当刀具中心点（TCP）位于预定义的方形区域 2 内时，此信号接通（ON），用此信号防止与其他机器人或定位机构发生干涉
11	30022	工作原点位置	当刀具中心点（TCP）位于工作原点位置区域内时，此信号接通（ON），可用于判断机器人是否位于起始位置。工作原点位置立方体与编号 48 的立方体相同
12	30023	中间启动正常	机器人运行操作时此信号接通
13	30050～30057	手部控制阀1～4	此类信号为 HAND 手部特殊指令控制输出，机器人手部控制阀1～4 分别对应于指令 HAND 1～4

附录 C

NX100 机器人参数一览

1. 有关动作速度的参数

表 C-1 有关动作速度的参数

参数号	参数 说明
S1CxG000	在限速运行时，设定最高速度限制。单位：0.01%
S1CxG001	用来检查轨迹时，设定空运行的速度值。需要改变设定时，请充分考虑安全性。单位：0.01%
S1CxG002～S1CxG009	登录用关节速度。用示教编程器进行位置数据示教时，关节速度根据参数的设定值被登录。设定的再现速度的上限作为 100%，把速度设定为若干等级登录。这些速度不能设定为大于再现速度上限的值。单位：0.01%
S1CxG010～S1CxG017	登录用直线速度。用示教编程器进行位置数据示教时，直线速度根据参数的设定值被登录，这些速度不能设定为大于再现速度上限的值。单位：0.1mm/s
S1CxG018～S1CxG025	登录用姿态角速度。用示教编程器进行位置数据示教时，姿态角速度根据参数的设定值被登录，这些速度不能设定为大于再现速度上限的值。单位：0.1度/秒
S1CxG026～S1CxG029	这些参数设定用示教编程器操作的手动动作速度的值。这些值不能大于手动动作速度的极限值。单位：0.1mm/s
S1CxG030～S1CxG032	这些参数设定用示教编程器进行微动移动时，一次操作的移动量。根据微动移动时的动作模式的不同，对应的参数不同。单位：关节动作为 1 脉冲，直角坐标为 0.01mm，控制点固定为 0.1°
S1CxG033～S1CxG040	位置等级从 0 至 8，共分为 9 级。可附加于移动命令"MOV"之后，对移动命令的位置等级指定，由这些参数决定
S1CxG044	低速启动速度。低速启动速度按照最高速度的百分比（%）来指定。单位：0.01%
S1CxG045～S1CxG048	S1CxG045：手动速度设定为"低"时的手动动作线速度。S1CxG046：手动速度设定为"中"时的手动动作线速度。S1CxG047：手动速度设定为"高"时的手动动作线速度。S1CxG048：手动速度为"高速"时的手动动作线速度。单位：0.01%
S1CxG056	作业原点回归速度，按照最高速度的百分比（%）设定。单位：0.01%
S1CxG057	这个参数用于指定搜寻的最大速度。单位：0.1mm/s
S2C153	在直角坐标系中，用示教编程器进行手动操作时，指定是否进行姿态控制。除特殊机型以外，一般请使用有姿态控制。0：有姿态控制。1：无姿态控制
S2C154	使用外部基准点控制功能时，当用示教编程器选定用户坐标后，用此参数指定控制点 TCP 固定动作的基准点：0：选择机器人控制点 TCP 时。1：选择外部基准点时
S2C238	此参数用于指定仅仅想变更操作对象轴组的程序示教位置的场合。0：不改变。1：改变

参数号	参数说明
S2C324, S2C325	由于急停或手动轴操作,使机器人脱离了原来的动作轨迹时,用此参数指定再启动的动作方式。0:移动到停止时的下一点(初始设定)。1:回到脱离轨迹的位置后,再移到下一点。2:回到脱离轨迹的位置后,停止
S2C326	此参数指定机器人脱离轨迹后返回时,是回到当前值(命令值)还是回到反馈值。0:返回到反馈值位置。1:返回到当前值(命令值)位置
S2C515	用此光标设定是否使用急停光标前进控制功能。0:不使用。1:使用
S2C516	急停时光标指向平滑完成位置指定。当机器人在内角平滑处理中急停时,此参数指定光标停于内角哪个命令点。单位:%
S2C517	急停时光标指向作业开始命令动作完成延迟时间。单位:ms
S2C560	基座轴动作手动操作键定义指定。0:轴号顺序。1:实际指定
S3C806~ S3C808	在再现中的位置调整功能(PAM)中,用这些参数指定必要的数据。S3C806 指定位置调整范围(单位:μm) S3C807 指定速度调整范围(单位:0.01%) S3C808 指定调整坐标: 0:基座;1:机器人;2:工具;3~26:用户1~用户24

2. 有关操作设定的参数

表 C-2　有关操作设定的参数

参数号	参数说明
S2C147	设定控制电源投入时的安全模式。0:操作模式。1:编辑模式。2:管理模式
S2C148	用示教编程器进行轴操作时,选择了直角/圆柱坐标,用此参数指定直角和圆柱哪个有效。这个指定在"示教条件"画面选择。0:圆柱;1:直角
S2C149	用示教编程器进行手动操作时,指定禁止转换坐标。0:可以转换为工具坐标和用户坐标;1:禁止转换为工具坐标;2:禁止转换为用户坐标;3:禁止转换为工具坐标和用户坐标
S2C150	用示教编程器进行前进操作时,用此参数指定前进方式的步长单位。0:在每个命令处停止;1:在移动命令处停止
S2C151	用示教编程器进行"前进"操作时,用此参数指定移动命令以外的命令的执行方法。0:按 [FWD] + [INTERLOCK] 键;1:只按 [FWD] 键;2:不执行移动命令以外的命令
S2C155	对于禁止编辑的程序,是否允许只修改程序点,由此参数指定。允许修改程序点时,只能修改位置数据,对速度等附加项不能修改。在"示教条件"画面中,可进行设定。0:许可;1:禁止
S2C156	是否保存关节坐标和关节坐标以外的其他坐标各自的手动速度,由此参数指定。当指定为"不保存"时,坐标变换时,手动速度不变。当指定为"保存"时,关节坐标与直角坐标等进行变换,则手动速度按各自的保存值一起变换。此时也可对各自的手动速度进行选择。0:不保存;1:保存
S2C158	程序点插入位置是在下一个程序点前(下一点)插入,还是在光标位置后面(下一行)插入,由此参数设定。此设定可以在"示教条件"画面中进行。0:下一程序点前;1:下一行命令前
S2C159	此参数用于指定许可或禁止变更主程序的登录。指定禁止时,不能变更主程序的登录。此设定可在"操作条件"画面进行。0:许可;1:禁止

续表

参数号	参 数 说 明
S2C160	此参数用于指定再现时是否允许对检查运行和机械锁定运行状态进行变更。在机器人运行中，进行以上操作时，即使发生报警，机器人也不会停止。此设定可在"操作条件"画面中进行。0：许可；1：禁止
S2C161	此参数用于指定是否允许变更作业预约程序。此设定可在"操作条件"画面进行。0：许可；1：禁止
S2C162	此参数用于指定再现模式下是否允许调出主程序。独立控制功能有效时，此参数同时也指定子任务的主程序的调用。此设定可在"操作条件"画面进行。0：许可；1：禁止
S2C163	指定机器人的命令集（INFORM Ⅲ）。这些不同的命令集可以使得命令登录操作简单。在NX100 中，与命令集的指定无关，所有的命令都可以使用。此设定可在"示教条件"画面中进行 0：子集，子集中只有经常使用的机器人命令，可登录的命令数减少了。由于在命令对话框中显示的命令少，使选择命令变得简单了 1：标准集 2：扩展集，所有机器人命令都可以使用
S2C166	此参数用于指定，在选择命令时，输入缓冲行是否显示上次输入的一行命令。如果选择"有学习功能"，则在输入缓冲行显示。0：无学习功能；1：有学习功能
S2C167	此参数用来指定控制电源投入时，当前程序为哪个程序，及程序的哪个位置。 0：控制电源投入时，恢复上次关机时的程序和地址。1：指向主程序的地址（"0"行）
S2C168	此参数用于指定程序选择时，在程序一览画面中程序的显示方法 0：按名称顺序；1：按日期顺序；2：按登录顺序
S2C169	此参数用于指定启动时，最初期间的动作方式。动作速度在"低速启动速度"（S1CxG044）中指定。低速启动时，与设定的循环无关，到达光标所在的程序点后就停止。低速启动中被暂停时，低速动作处理终止，再启动时按再现速度动作。0：在"特殊运行"画面中设定。仅在低速启动设定为有效时，低速运行，未设定时，按再现速度动作。1：编辑后的启动为低速启动
S2C170	循环模式为"单步"时的再现运行。0：在每个命令处停止；1：在移动命令处停止
S2C171	此参数用于设定是否接受外部输入指定的启动。此设定可在"操作条件"画面进行。0：许可；1：禁止
S2C172	此参数用于设定是否接受示教编程器指定的启动。此设定可在"操作条件"画面进行。0：许可；1：禁止
S2C173	此参数用于指定输入的速度数据的单位 mm/秒：单位为 0.1mm/秒；cm/分：单位为 1cm/分；inch/分：单位为 1inch/分；mm/分：单位为 1mm/分。此设定可在"操作条件"画面进行。0：mm/秒；1：cm/分；2：inch/分；3：mm/分
S2C174	此参数用于指定是否接受预约启动。此设定可在"操作条件"画面进行 0：许可；1：禁止
S2C176	此参数用于设定远程控制时，禁止再现模式下的程序选择 0：许可；1：禁止
S2C177	此参数用于指定是否接受来自外部的"模式"转换。此设定可在"操作条件"画面进行。0：许可；1：禁止
S2C178	此参数用于指定是否接受来自示教编程器的"模式"转换。此设定可在"操作条件"画面进行。0：许可；1：禁止

参数号	参数说明
S2C179	此参数用于指定是否接受来自外部的"循环"转换。此设定可在"操作条件"画面进行。0：许可；1：禁止
S2C180	此参数用于指定是否接受自示教编程器的"循环"转换。此设定可在"操作条件"画面进行。0：许可；1：禁止
S2C181	此参数用于指定是否接收伺服上电命令。可以同时指定多个命令。例如，只想使用外部伺服上电命令时，设定为"2"，此时不接受来自示教编程器的伺服上电命令。此设定可在"操作条件"画面进行
S2C182	用远程功能选择"IO"时，指定用示教编程器操作有效
S2C186	此参数用于指定在工具号改变的情况下，是否允许进行程序点登录。如果参数设定为"1"（禁止），程序点修改、删除与插入等操作被禁止 0：许可；1：禁止
S2C211	此参数用于设定从本地模式切换成远程模式时的循环模式。此设定可在"操作条件"画面进行。0：单步；1：单循环；2：连续；3：保持设定
S2C212	此参数用于设定从远程模式切换成本地模式时的循环模式。此设定可在"操作条件"画面进行。0：单步；1：单循环；2：连续；3：保持设定
S2C230	此参数用于设定电源投入时的初始循环模式。此设定可在"操作条件"画面进行。0：单步；1：单循环；2：连续；3：保持设定
S2C231	此参数用于设定从再现模式切换成示教模式时的循环模式。此设定可在"操作条件"画面进行。0：单步；1：单循环；2：连续；3：保持设定
S2C232	此参数用于设定从示教模式切换成再现模式时的循环模式。此设定可在"操作条件"画面进行。0：单步；1：单循环；2：连续；3：保持设定
S2C234	此参数用于指定绝对数据范围异常报警发生后的启动条件 0：需要进行位置确认；1：低速启动
S2C317～ S2C321	这些参数用于指定是否许可进行各时间的复位，作业时间和移动时间的初始值设定位"许可" S2C317：控制电源投入时间；S2C318：伺服电源投入时间；S2C319：再现时间；S2C320：作业时间；S2C321：移动时间 0：禁止复位；1：允许复位
S2C333	此参数用于指定工具号是否可以切换。可以进行切换时，工具号的选择可进行0～23共24种切换。不可以进行切换时，只有工具0可以使用 0：不可切换；1：可切换
S2C335	此参数用于指定位置示教时是否有蜂鸣声提示 0：有蜂鸣声；1：无蜂鸣声
S2C336	使用工装和双机协调功能，对主动侧的机器人＋工装轴进行前进/后退或试运行时，从动侧的机器人是否也联动，由此参数设定 0：不联动；1：联动

3. 有关干涉区的参数

表 C-3 有关干涉区的参数

参数号	参 数 说 明
S1CxG200～ S1CxG215	指定由脉冲值设定的各轴独立的软极限 以每个轴在设定软极限的位置的当前值（脉冲值）为设定值
S2C001	此参数用于指定是否进行立方体软极限的检查。选择"有检查"时，须设定参数 S3C000～ S3C023：立方体软极限。0：不检查；1：检查
S2C002	此参数用于指定各机器人是否有干涉检查 选择"有检查"时，须设定参数 S3C024～S3C031（S 轴干涉区），单位为脉冲
S2C003～ S2C050	立方体干涉/轴干涉检查
S2C051～ S2C114	这些参数用于指定立方体基于的坐标。指定用户坐标时，要指定用户坐标号。设定立方 体区域时，请参考以下的立方体干涉区 指定坐标 0：脉冲（轴干涉） 1：基座坐标 2：机器人坐标 3：用户坐标
S2C188～ S2C193	此参数用于指定机器人 1，2，3 和 4 的机器人之间是否有干涉检查。干涉检查在以机器人 控制点 TCP 为中心的球形范围内进行。选择"有检查"时，请选择以下参数 机器人之间干涉检查（单位：μm） S3C801：机器人 1 球半径；S3C802：机器人 2 球半径；S3C803：机器人 3 球半径； S3C804：机器人 4 球半径
S3C000～ S3C023	这些参数指定 S2C001 参数的辅助功能。详细内容请参考" S2C001：立方体软极限检查"
S3C024～ S3C031	这些参数指定 S2C002 参数的辅助功能。详细内容请参考"S2C002：S 轴干涉检查"
S3C032～ S3C543	这些参数指定 S2C003 至 S2C034 参数的辅助功能。详细内容请参考" S2C003 至 S2C034：指定立方体/轴干涉信号的机器人"
S3C801～ S3C804	这些参数指定 S2C188 至 S2C193 参数的辅助功能。详细内容请参考" S2C188 至 S2C193：指定机器人间的干涉检查"
S3C805	此参数用于指定作业原点用立方体 1 的边长。单位：1μm

4. 有关状态 I/O 的参数

表 C-4 有关状态 I/O 的参数

参数号	参 数 说 明
S2C187	这些参数用于指定电源投入时通用输出继电器的状态。因为电源切断时，包括外部设备的 状态不能完全再现，重新启动时要格外注意 0：重新设定电源切断时的状态；1：初始化（所有通用继电器 OFF）

参数号	参数说明
S4C000～ S4C007	在执行输入组（IG♯）可以使用的命令时，用这些参数指定是否执行奇偶性检查
S4C008～ S4C015	这些参数用于指定执行输出组命令时是否带有奇偶校验检查（偶数奇偶性）
S4C016～ S4C023	这些参数用于指定执行输入组（IG♯）可使用的命令时，输入组数据使用二进制数据还是BCD数据
S4C024～ S4C031	这些参数用于指定执行输出组可使用的命令时，输出组数据使用二进制数据还是BCD数据
S4C032～ S4C039	指定模式转换时的通用输出组初始化
S4C126	此参数用于指定机器人落下量允许范围异常时向外部输出的的通用输出点号。不使用此功能时，请设定为"0"

5. 与协调或联动相关的参数

表 C-5　与协调或联动相关的参数

参数号	参数说明
S2C164	此参数用于指定在协调程序中的主动侧机器人的移动命令是否有速度输入
S2C165	此参数用于指定在协调程序中的主动侧机器人的移动命令是否许可某种插补。可以多重指定
S2C183	此参数用于指定独立控制中前进/后退、试运行时的运行方式 0：现在显示的任务的程序运行。1：所有任务的程序运行
S2C184	此参数用于指定独立控制时，进行子任务的主调用时调出的程序。主程序：在主管理画面登录的程序；开始程序：用 PSTART 命令启动的程序 0：主程序；1：开始程序
S2C194	此参数用于指定由角度和距离指定的工装轴当前值的功能是否有效 • 回转轴：角度（°） • 行走轴：距离（mm） 0：无效；1：有效
S2C195 ～S2C206	此参数用于指定工装轴的显示单位（位指定） 0：显示角度（°） 1：显示距离（mm）
S2C322	此参数用于指定在使用工装轴、双机协调功能进行再现时，同步侧机器人修正动作的姿态控制方法 0：跟随工装轴的动作变化姿态 1：相对于大地固定姿态
S2C323	此参数用于指定在使用工装轴、双机协调功能进行前进/后退操作中，程序联动时，联动侧机器人修正动作的姿态控制方法 0：跟随工装轴的动作变化姿态 1：相对于大地固定姿态

续表

参数号	参 数 说 明
S2C549	使用独立控制功能时，若干个主任务的程序运行中，个别伺服电源切断的情况下，伺服电源断的控制组的主任务的程序动作中断。其他任务的程序继续动作 对于没有指定主任务等控制组的程序，可以指定执行条件 0：只有在所有轴的伺服电源都接通时，才可以动作 1：任何一个轴的伺服电源接通时都可以动作
S2C550	此参数用于禁止没有程序点的程序的"后退"操作
S3C809	使用工装轴、双机协调功能时，指定示教位置和工装轴当前位置的最大偏移量 0：不检查；非 0：偏移角度（单位：0.1°）

6. 有关特定用途的参数

表 C-6　有关特定用途的参数

参数号	参 数 说 明
S1CxG049～ S1CxG051	这些参数是使用 YAG 激光进行小圆加工时，有关切割动作的参数
S1CxG052～ S1CxG053	这些参数用于在 YAG 激光进行小圆加工时，设定切割方向极限值
S1CxG054～ S1CxG055	这些参数用于在 YAG 激光进行小圆加工时，设定交迭值
S1CxG063， S1CxG064	这些参数用于设定定型切断图形的最小直径（S1CxG063）和最大直径（S1CxG064）。单位为 μm
S1CxG065	此参数用于指定哪个轴被转换（镜像平移：反转符号）
S2C332	此参数用于指定相对程序的运行方法 可以指定相对程序变换成标准程序（脉冲程序）时的变换方法，以及运行相对程序时算出目标位置（脉冲位置）时的变换方法 0：重视前程序点（B 轴最小） 1：重视形态 2：重视前程序点（R 轴最小）
S3C819～ S3C898	通过设定一个常数到过滤器，可以在输出模拟信号中进行过滤处理
S3C899	此参数用于设定使用定型切割时的轨迹修正值。修正值设定为切断宽度的 1/2。单位为 μm

7. 硬件控制参数

表 C-7　硬件控制参数

参数号	参 数 说 明
S2C646	此参数用于指定检测装有报警传感器的风扇 1 至 3，传感器连接到电源接通单元 0：不检测 1：检测并显示信息 2：检测并显示信息和报警

参数号	参数说明
S4C181～ S4C212	用示教编程器最多可对 32 个输出信号进行 ON/OFF 操作。此参数用于设定对象继电器的序号。在参数中，输出序号可以设定为从 1 至 1024 的任意值，但请注意以下事项： • 避免设定重复序号 • 用示教编程器使信号 ON 或 OFF，如果不进行再次操作，在命令被执行之前不会发生变化
S4C213～ S4C244	这些参数用于指定用示教编程器操作输出信号的方法
S2C647～ S2C649	冷却风扇 1 的报警检测
S2C650～ S2C652	冷却风扇 2 的报警检测
S2C653～ S2C655	冷却风扇 3 的报警检测

8. 传送用参数

表 C-8　传送用参数

参数号		参数说明
RS000		指定 NCP01 基板的串行端口的协议 0：无协议 2：Basic 协议 3：FC1 协议
RS030	Basic 协议	此参数用于指定数据位的位数
RS050	FC1 协议	
RS031	Basic 协议	此参数用于指定停止位的位数
RS051	FC1 协议	
RS032	Basic 协议	此参数用于指定奇偶校验位
RS052	FC1 协议	
RS033	Basic 协议	此参数用于指定传输速度。单位为 baud
RS053	FC1 协议	
RS034	Basic 协议	单位：0.1 秒
RS054	FC1 协议	此定时器用于监视顺序。用参数指定错误数据、响应丢失的响应等待时间
RS035	Basic 协议	此定时器用于监视接收数据。用参数指定等待数据结束符号的时间
RS055	FC1 协议	
RS036	Basic 协议	此参数用于设定错误数据或响应丢失再传输请求编号
RS056	FC1 协议	
RS037	Basic 协议	此参数用于设定数据块检查错误再传输请求编号（NAK 接收）
RS057	FC1 协议	
RS038	Basic 协议	此参数用于设定数据传输错误的检查方法。在此协议中须设定为"0"
RS058	FC1 协议	指定外部存储装置（YASNAC FC2）所使用的软盘格式类型
RS059	FC1 协议	指定是否可以覆盖外部存储器文件（YASNAC FC2 或 FC1）

9. 应用参数

表 C-9   应用参数

参数号	参数说明	
AxP000	此参数用于指定用途。弧焊设定为"0"	弧焊
AxP003	在分配给焊机 2 的引弧条件文件中，指定开始条件号。小于指定开始条件号的条件文件无条件地分配给焊机 1。对于只有一台焊机的系统，请设定最大值（49）	
AxP004	在分配给焊机 2 的熄弧条件文件中，指定结束条件号。小于指定结束条件号的条件文件无条件地分配给焊机 1。对于只有一台焊机的系统，请设定最大值（13）	
AxP005	此参数用于指定焊接中的速度是使用"ARCON"命令或引弧条件文件中的速度，还是使用"MOV"命令中的速度	
AxP009	在输出"ARCON"命令过程中，因为某种原因作业停止，再启动时是否输出"ARCON"命令，由此参数指定	
AxP010	此参数用于指定到焊机的模拟输出通道（0 至 12）。"0"表示焊机不存在	
AxP011，AxP012	手动送丝速度由最大指令值的百分比指定。指令极性由焊机特性文件的电流指令决定。设定范围从 0 至 100	
AxP013，AxP014	这些参数用于指定焊接管理时间。单位为分。设定范围从 0 至 999	
AxP015～AxP017	这些参数用于指定焊接管理次数。设定范围从 0 至 99	
AxP026～AxP029	这些参数用于指定用专用键操作手爪开/闭的通用输出序号	
AxP002，AxP004	设定分配给 F1 键的输出信号 0：无指定 1 至 4：HAND1-1 至 HAND4-1 的专用输出 5：通用输出（由 AxP004 指定序号）	搬运
AxP003，AxP005	设定分配给 F2 键的输出信号 0：无指定 1 至 4：HAND1-2 至 HAND4-2 的专用输出 5：通用输出（由 AxP005 指定序号）	
AxP003	最大焊机连接数。初始值设定为 4。开始时这个值被自动设定，不需要修改	点焊
AxP004	指定行程切换信号输出 ON 或 OFF，使焊钳处于大开状态 位指定可以指定为 1/0（1：ON，0：OFF）。初始值设定为"0"	
AxP005	使用 X 双行程机械止动型焊钳时，进行行程切换，由此参数设定从行程切换顺序开始到加压命令结束为止的时间。设定范围 0.0 至 9.9 秒，初始值设定为"0"。此时，对文件中设定的"止动型行程改变时间"输出改变信号后，焊钳加压命令转换成 OFF	
AxP006	在连接着焊钳的点焊机上，焊接条件信号中附加了奇偶校验信号时，用此参数指定奇数奇偶性或偶数奇偶性 对 4 台点焊机进行位指定。（0：奇数；1：偶数）初始值设定为"0"	
AxP007	在执行 GUNCL 或 SPOT 命令时，上一行的移动命令中附有 NWAIT 命令，而 GUNCL 或 SPOT 命令后未指定 ATT 时，由此参数指定预期时间。初始值为"0"秒时，如通常情况一样，机器人移动到示教位置的同时，开始执行各命令	

参数号	参 数 说 明	
AxP015	当接收到报警复位信号时，设定对点焊机的异常复位信号的输出时间。设定值为"0"时，即使收到外部来的报警复位信号，也不对点焊机输出异常复位信号	点焊
AxP016，AxP017	此参数用于设定检测磨耗时的电极磨耗量警报值。（AxP016：可动侧，AxP017：固定侧）	
AxP009	在输出"TOOLON"命令过程中，因为某种原因作业停止，再启动时是否输出"TOOLON"命令，由此参数指定	通用

参 考 文 献

［1］ 吴振彪，王正家．工业机器人［M］．武汉：华中科技大学出版社，2006.
［2］ 韩建海．工业机器人［M］．武汉：华中科技大学出版社，2009.
［3］ NX100 INSTRUCTIONS. YASKAWA ELECTRIC CORPORATION，2004.
［4］ NX100 OPERATOR'S MANUAL FOR HANDLING. YASKAWA ELECTRIC CORPORATION，2003.
［5］ NX100 MAINTENANCE MANUAL. YASKAWA ELECTRIC CORPORATION，2005.
［6］ MotoSim EG OPERATION MANUAL FOR WINDOWS，YASKAWA ELECTRIC CORPORATION，2005.
［7］ 张爱红，张秋菊．机器人示教编程方法［J］．组合机床与自动化加工技术，2003（4）.
［8］ 张爱红，张秋菊．机器人虚拟示教的实现方法［J］．机床与液压，2003（4）.
［9］ 张爱红．机器人虚拟示教及远程控制研究［D］．无锡：江南大学硕士学位论文，2003.
［10］ 张爱红，等．微机与工业机器人的串行通信研究［J］．组合机床与自动化加工技术，2004（4）.